上海市住房和城乡建设管理委员会

上海市燃气管道工程概算定额

SH A6—21—2020

同济大学出版社

2021 上海

图书在版编目(CIP)数据

上海市燃气管道工程概算定额：SH A6—21—2020 / 上海市建筑建材业市场管理总站主编. —上海：同济大学出版社，2021.4
ISBN 978-7-5608-9826-1

Ⅰ.①上… Ⅱ.①上… Ⅲ.①天然气管道-管道工程-建筑预算定额-上海 Ⅳ.①TU996

中国版本图书馆CIP数据核字(2021)第042066号

上海市燃气管道工程概算定额 SH A6—21—2020
上海市建筑建材业市场管理总站　主编

责任编辑　朱　勇　　**责任校对**　徐春莲　　**封面设计**　陈益平

出版发行	同济大学出版社　www.tongjipress.com.cn	
	（地址：上海市四平路1239号　邮编：200092　电话：021-65985622）	
经　　销	全国各地新华书店	
印　　刷	常熟市大宏印刷有限公司	
开　　本	890 mm×1240 mm　1/16	
印　　张	14.5	
字　　数	464 000	
版　　次	2021年4月第1版　2021年4月第1次印刷	
书　　号	ISBN 978-7-5608-9826-1	
定　　价	158.00元(含宣贯材料)	

本书若有印装质量问题，请向本社发行部调换　　　版权所有　侵权必究

上海市建设工程概算定额修编委员会

主　　任：黄永平
副 主 任：裴　晓　王扣柱　董爱华　周建国　顾晓君　姜执伟
委　　员：陈　雷　马　燕　金宏松　杨文悦　方　琪　孙晓东
　　　　　苏耀军　应敏伟　杨志杰　汪结春　干　斌　徐　忠

上海市建设工程概算定额修编工作组

组　　长：马　燕
副 组 长：方　琪　孙晓东　涂荣秀　许倩华　应敏伟　曹虹宇
　　　　　夏　杰　莫　非　汪崇庆
组　　员：朱　迪　蒋宏彦　程德慧　汪一江　田洁莹　彭　磊
　　　　　张　竹　康元鸣　黄　英　辛　隽　乐　翔　张红梅

上海市燃气工程概算定额

主 编 单 位：上海市建筑建材业市场管理总站
参 编 单 位：上海燃气工程设计研究有限公司
　　　　　　上海燃气有限公司
　　　　　　上海奉贤燃气股份有限公司
主要编制人员：彭　磊　张　竹　俞　洋　刘　峰　孙范凡　李雅琴
　　　　　　杨世宏　陆智炜　沈　刚　杨凤玲　赵永胜　卢俊杰
审 查 专 家：郑海旭　李念文　戴志龙　孔庆芳　冯　闻　蔡晓东
　　　　　　戴富元　徐　俊

上海市住房和城乡建设管理委员会文件

沪建标定〔2020〕795号

上海市住房和城乡建设管理委员会
关于批准发布《上海市建筑和装饰工程概算
定额(SH 01—21—2020)》《上海市市政工程
概算定额》(SH A1—21—2020)》等4本
工程概算定额的通知

各有关单位：

为进一步完善本市建设工程计价依据，满足工程建设全生命周期的计价需求，根据《上海市建设工程定额体系表2018》及《2017年度上海市建设工程及城市基础设施养护维修定额编制计划》，《上海市建筑和装饰工程概算定额(SH 01—21—2020)》《上海市市政工程概算定额(SH A1—21—2020)》《上海市安装工程概算定额(SH 02—21—2020)》《上海市燃气管道工程概算定额(SH A6—21—2020)》(以下简称"新定额")等4本工程概算定额编制完成并经有关部门会审，现予以发布，自2021年5月1日起实施。

原《上海市建筑和装饰工程概算定额(2010)》《上海市建筑和装饰工程概算定额(2010)装配式建筑补充定额》《上海市市政工程概算定额(2010)》《上海市安装工程概算定额(2010)》及《上海市公用管线工程概算定额(2010)》(燃气管线工程)同时废止。

本次发布的新定额由市住房城乡建设管理委负责管理，由上海市建筑建材业市场管理总站负责组织实施和解释。

特此通知。

上海市住房和城乡建设管理委员会
二〇二〇年十二月三十一日

总 说 明

一、《上海市燃气管道工程概算定额》(以下简称本定额),包括土方及拆除工程,管道及附件安装工程,管道穿跨越工程,燃气设备及报警系统安装工程,新旧管连接工程,措施工程共六章。

二、采用本定额进行概算编制的,应遵循定额中定额编号、工程量计算规则、项目划分及计量单位。

三、本定额是编制设计概算(书)的参考依据,是进行项目建设投资评审、设计方案比选的参考依据,是编制估算指标的基础。

四、本定额适用于本市行政区域范围内的新建、改建、扩建的燃气管道工程。工程范围从门站(厂)外第一个阀门起(含阀门),经各级压力管道及附属设备,到用户表具止(含表具)。管道更新工程可参照本定额。

五、本定额以国家和本市现行建设工程强制性标准、推荐性标准、设计规范、标准图集、施工验收规范、技术操作规程、质量评定标准,产品标准和安全操作规程为依据编制,并参考了国家和本市行业标准,以及典型工程案例,有代表性的工程设计、施工和其他资料。

六、本定额综合了本市燃气管道工程预算定额的内容和含量,包括了燃气管道工程的工料机消耗量,其他相关费用应依据国家和本市现行取费规定计算。

七、本定额主要是在《上海市燃气管道工程预算定额(SH A6—31—2016)》基础上以主要分项工程综合相关工序的综合定额,即按主要分项工程规定的计量单位、计算规则及综合相关工序的预算定额计算而得的人工、材料及制品、机械台班的消耗标准,体现了上海地区社会平均水平。

八、本定额中材料与机械消耗量均以主要工序用量为准。难以计量的零星材料与机械列入其他材料费或其他机械费中,以该项目材料或机械之和的百分率表示。

九、本定额所采用的材料(包括构配件、零件、半成品及成品)均为符合质量标准和设计要求的合格产品;若品种、规格、型号、强度等级与设计不符时,可按各章节规定调整。定额未注明材料规格、强度等级的应按设计要求选用。

十、本定额所有材料、配件、总成件的消耗量均已包括了操作过程和场内运输相应损耗。损耗内容和范围包括:从工地仓库、现场集中堆放地点或现场加工地点至操作或安装地点的运输损耗、施工操作损耗、施工现场堆放损耗。

十一、本定额中的周转性材料(钢模板、钢管支撑、木模板、脚手架等)已按规定的材料周转次数摊销计入定额内,并包括回库维修的消耗量。

十二、本定额的工作内容已说明了主要的施工工序,次要工序虽未说明,但均已包括在内。

十三、地下管道工程不足 50 m 时,管径 $\phi \leqslant 300$ mm 的,其人工和机械台班耗用量乘系数 1.67;管径 $\phi > 300$ mm 的,其人工和机械台班耗用量乘系数 2。

十四、本定额缺项部分,可按其他专业定额工料机消耗量计算直接费,按本定额费率表取费。

十五、本定额中注有"×××以内"或"×××以下"者,均已包括×××本身,"×××以外"或"×××以上"者,均不包括×××本身。

十六、本定额说明中未注明(或省略)尺寸单位的宽度、厚度、断面等,均以"mm"为单位。

十七、凡本说明未尽事宜,详见各章说明。

上海市燃气管道工程概算费用计算说明

一、直接费

直接费是指施工过程中的耗费,构成工程实体和部分有助于工程形成的各项费用[包括人工费、材料费和施工机械(机具)使用费和零星工程费]。直接费中不包含增值税可抵扣进项税额。

1. 人工费

人工费是指支付给直接从事建筑安装工程施工作业的生产工人的各项费用。

2. 材料费

材料费是指工程施工过程中耗费的各种原材料、半成品、构配件等的费用,以及周转材料等的摊销、租赁费用。

3. 施工机具(机械)使用费

施工机具(机械)使用费是指工程施工作业所发生的施工机具(机械)、仪器仪表使用费或其租赁费。

4. 零星工程费

零星工程费是指设计图纸未反映,定额直接费计算中未包括,可能发生的其他构成工程实体的费用。零星工程费是以直接费为基数,乘以相应的费率计算。

二、企业管理费和利润

1. 企业管理费

企业管理费是指施工单位为组织施工生产和经营管理所发生的费用。企业管理费不包含增值税可抵扣进项税额。

2. 利润

利润是指施工单位从事建筑安装工程施工所获得的盈利。

企业管理费和利润是以直接费中的人工费为基数,乘以相应的费率计算。

三、安全文明施工费

安全文明施工费是指在工程项目施工期间,施工单位为保证安全施工、文明施工和保护现场内外环境等所发生的措施项目费用。安全文明施工费中不包含增值税可抵扣进项税额。

安全文明施工费是以直接费与企业管理费和利润之和为基数,乘以相应的费率计算。

四、施工措施费

施工措施费是指为完成工程项目施工,发生于该工程施工前和施工过程中,非工程实体项目的费用。施工措施费中不包含增值税可抵扣进项税额。

施工措施费是以直接费与企业管理费和利润之和为基数,乘以相应的费率计算。

五、规费

规费是指按国家法律、法规规定,由上海市政府和上海市有关权力部门规定施工单位必须缴纳,应计入建筑安装工程造价的费用。主要包括社会保险费(养老、失业、医疗、生育和工伤保险费)和住房公积金。

规费是以直接费中的人工费为基数,乘以相应的费率计算。

六、增值税

增值税即为当期销项税额。

当期销项税额是以税前工程造价为基数,乘以增值税税率计算。

七、燃气管道工程概算费用计算顺序表

上海市燃气管道工程概算费用计算顺序表

序号	项目		计算式	备注
一	直接费	工、料、机费	按概算定额子目规定计算	包括说明
二		零星工程费	(一)×费率	
三		其中:人工费	概算定额人工费＋零星工程人工费	零星工程人工费按零星工程费的20%计算
四	企业管理费和利润		(三)×费率	
五	安全文明施工费		[(一)+(二)+(四)]×费率	
六	施工措施费		[(一)+(二)+(四)]×费率(或按拟建工程计取)	
七	小计		(一)+(二)+(四)+(五)+(六)	
八	规费	社会保险费	(三)×费率	
九		住房公积金	(三)×费率	
十	增值税		[(七)+(八)+(九)]×增值税税率	
十一	建筑安装工程费		(七)+(八)+(九)+(十)	

目 录

总说明

上海市燃气管理工程概算费用计算说明

第一章 土方及拆除工程 ……………… 1
　说　明 …………………………………… 3
　第一节　道路拆除工程 …………………… 4
　第二节　土方开挖工程 …………………… 8
　第三节　工作井 ………………………… 11

第二章 管道及附件安装工程 ………… 15
　说　明 ………………………………… 17
　第一节　地上管道安装工程 …………… 18
　第二节　地下管道安装工程 …………… 25
　第三节　管件安装工程 ………………… 44
　第四节　地上阀门安装工程 …………… 58
　第五节　地下阀门及附属设施安装工程
　　　　　………………………………… 64
　第六节　牺牲阳极工程 ………………… 73

第三章 管道穿跨越工程 ……………… 77
　说　明 ………………………………… 79
　第一节　桥管安装工程 ………………… 80

　第二节　水平定向钻穿越工程 ………… 90
　第三节　顶管工程 …………………… 103
　第四节　旧管道内穿管工程 ………… 114

第四章 燃气设备及报警系统安装工程 … 123
　说　明 ………………………………… 125
　第一节　调压设备安装工程 ………… 126
　第二节　计量设备安装工程 ………… 131
　第三节　燃气报警系统安装工程 …… 136

第五章 新旧管连接工程 …………… 145
　说　明 ………………………………… 147
　第一节　连接辅助工程 ……………… 148
　第二节　停输连接工程 ……………… 152
　第三节　不停输连接工程 …………… 168

第六章 措施工程 …………………… 177
　说　明 ………………………………… 179
　第一节　打钢板桩 …………………… 180
　第二节　围堰工程 …………………… 184
　第三节　施工便道 …………………… 186

第一章　土方及拆除工程

第一章 土方及爆破工程

说　　明

1. 本章定额包括道路拆除工程、土方开挖工程和工作井,共 3 节 18 个子目。
2. 本章定额中场内水平运距均综合取定,除各节另有规定外,实际运距与定额不符时,定额不再调整。
3. 本章定额中未考虑余土场外运输,可根据工程中实际发生工程量按有关规定计取。
4. 土壤类别划分标准见表 1-1。

表 1-1　土壤分类

土壤分类	土　壤　名　称	开挖方法
一、二类土	粉土、砂土(粉砂、细砂、中砂、粗砂、砾砂)、粉质黏土、弱中盐渍土、软土(淤泥质土、泥炭、泥炭质土)、软塑红黏土、冲填土	用锹,少许用镐、条锄开挖。机械能全部直接铲挖满载者
三类土	黏土、碎石土(圆砾、角砾)混合土、可塑红黏土、硬塑红黏土、强盐渍土、素填土、压实填土	主要用镐、条锄,少许用锹开挖。机械需部分刨松方能铲挖满载者或可直接铲挖但不能满载者
四类土	碎石土(卵石、碎石、漂石、块石)、坚硬红黏土、超盐渍土、杂填土	全部用镐、条锄挖掘,少许用撬棍挖掘。机械须普遍刨松方能铲挖满载者

注:本表中土的名称及其含义参照国家标准《岩土工程勘察规范》GB 50021—2001(2009 年版)。

第一节 道路拆除工程

说 明

1. 本节定额包括拆除建成区车行道、拆除建成区人行道、拆除非建成区道路、拆除构筑物。
2. 本节定额适用于燃气管道工程中翻挖各种路面、路基及构筑物拆除。
3. 定额中机械品种和规格为综合取定，与实际施工使用机械不同时，不再调整。
4. 道路拆除工程分为建成区和非建成区两类。
（1）建成区：指已完成路面施工的区域，分为车行道和人行道。
（2）非建成区：指未完成路面施工的区域。
5. 车行道路面拆除，按沥青路面、一般混凝土路面和钢筋混凝土路面综合取定。
6. 人行道拆除按人行道板、人行道混凝土进出口坡、现浇混凝土综合取定。
7. 非建成区道路拆除按碎石地面、道路和旧基地地面综合取定。
8. 构筑物拆除按石砌体、砖砌体、混凝土构筑物、钢筋混凝土构筑物综合取定。

工程量计算规则

1. 拆除建成区车行道、建成区人行道、非建成区道路，按面积以"m^2"为计量单位；拆除构筑物，按体积以"m^3"为计量单位。
2. 道路拆除工程量计算方法：
   道路拆除(m^2)＝埋设管道长度(m)×埋管沟槽宽度(m)
3. 埋管沟槽尺寸及管道外径截面积应按设计文件的数据或图纸尺寸计算；设计文件未明确的，可按表1-2计算。

表1-2 埋管沟槽尺寸及管道外径截面积

管道口径 （mm）	沟槽宽度 （m）	沟槽深度（m）		管道外径 截面积（m^2）
		街坊、人行道、农田	车行道	
≤50	0.50	0.45	1.10	0.003
75	0.60	0.65	1.20	0.006
100	0.70	0.90	1.40	0.009
150	0.80	0.95	1.45	0.02
200	0.80	1.00	1.50	0.038
300	0.90	1.10	1.60	0.083
400	1.20	1.20	1.70	0.142
500	1.30	1.30	1.80	0.220

(续表)

管道口径(mm)	沟槽宽度(m)	沟槽深度(m)		管道外径截面积(m^2)
		街坊、人行道、农田	车行道	
700	1.60	1.50	2.00	0.407
800	1.70	—	2.10	0.519
1 000	2.00	—	2.30	0.817
1 200	2.20	—	2.50	1.168

注：1. 套管排管按实计算。
2. 管道外径截面积以钢管为取值标准。

4. 同底双管同沟槽埋管的沟槽宽度可按两管设计中心距加上两管各自埋管沟槽宽度的一半计算。

工作内容：1. 路面切缝，拆除车行道路面，拆除二、三渣类基层，拆除碎石类基层。
2. 拆除人行道路面，拆除碎石类基层。
3. 拆除碎石类基层，拆除旧混凝土路面。
4. 拆除砖砌体，拆除混凝土、钢筋混凝土构筑物。

定额编号			G-1-1-1	G-1-1-2	G-1-1-3	G-1-1-4
项目			拆除建成区车行道	拆除建成区人行道	拆除非建成区道路	拆除构筑物
			m²	m²	m²	m³
预算定额编号	预算定额名称	预算定额单位	数 量			
06-1-1-1	空压机拆除沥青柏油类路面 厚10 cm	m²	0.6000			
06-1-1-11	沥青路面切缝	100 m	0.0075			
06-1-1-12【换】	混凝土路面切缝	100 m	0.0050			
06-1-1-13【换】	空压机拆除二渣及三渣类基层 厚40 cm	m²	0.6000			
06-1-1-17【换】	空压机拆除碎石类基层 厚15 cm	m²	1.0000	1.0000		
06-1-1-17【换】	空压机拆除碎石类基层 厚10 cm	m²			0.3000	
06-1-1-17	空压机拆除碎石类基层 厚30 cm	m²			0.7000	
06-1-1-19	拆除人行道板	m²		0.8000		
06-1-1-20【换】	拆除人行道 混凝土进出口坡 厚20 cm	m²		0.2000		
06-1-1-22【换】	拆除人行道 混凝土 厚10 cm	m²		0.8000		
06-1-1-29	空压机拆除砖砌体（陆上）	m³				0.1000
06-1-1-3【换】	空压机拆除混凝土类路面 厚5 cm	m²			0.3000	
06-1-1-30	空压机拆除砖砌体（水上）	m³				0.1000
06-1-1-31	空压机拆除混凝土构筑物（陆上）	m³				0.2000
06-1-1-32	空压机拆除混凝土构筑物（水上）	m³				0.2000
06-1-1-13【换】	空压机拆除二渣及三渣类基层 厚30 cm	m²	0.4000			
06-1-1-35	液压镐拆除钢筋混凝土类构筑物	m³				0.4000
06-1-1-7【换】	拆除路面 液压镐翻挖混凝土类路面 厚2 cm	m²	0.2000			
06-1-1-9【换】	拆除路面 液压镐翻挖钢筋混凝土类路面 厚24 cm	m²	0.2000			

工作内容: 1. 路面切缝,拆除车行道路面,拆除二、三渣类基层,拆除碎石类基层。
2. 拆除人行道路面,拆除碎石类基层。
3. 拆除碎石类基层,拆除旧混凝土路面。
4. 拆除砖砌体,拆除混凝土、钢筋混凝土构筑物。

定额编号			G-1-1-1	G-1-1-2	G-1-1-3	G-1-1-4
项目			拆除建成区车行道	拆除建成区人行道	拆除非建成区道路	拆除构筑物
名称		单位	m^2	m^2	m^2	m^3
人工	00150101	综合人工	工日	0.4643	0.2540	0.1541	1.1662
材料	03210901	切缝机刀片	片	0.0018			
	03211101	风镐凿子	根	0.2580	0.0780	0.0540	0.2400
	14390101	氧气	m^3				0.1409
	14390301	乙炔气	m^3				0.0559
	34110101	水	m^3	0.0606			
机械	99010060	履带式单斗液压挖掘机 1 m^3	台班	0.0062			0.0412
	99010610	液压镐头	台班	0.0031			0.0308
	99050870	混凝土切缝机	台班	0.0137			
	99090350	汽车式起重机 5 t	台班				0.0340
	99330010	风镐	台班	0.0753	0.0389	0.0278	0.2025
	99430290	内燃空气压缩机 6 m^3/min	台班	0.0369	0.0195	0.0112	0.1013

第二节 土方开挖工程

说 明

1. 本节定额包括建成区挖土方、非建成区挖土方、农田挖土方、挖淤泥、回填土、回填砂、土方外运、结构碎石外运和泥浆外运。
2. 本节定额适用于燃气管道工程中的土方挖、运、填项目。
3. 建成区指在已建成道路上施工的工程,非建成区指在拟辟道路处施工的工程,农田指在农用耕田处施工的工程。
4. 建成区和非建成区挖沟槽土方的土壤类别按三类土综合考虑,农田挖沟槽土方的土壤类别按一、二类土综合考虑。
5. 挖沟槽土方时需放坡的,可按下列规定计入放坡系数:
(1) 挖土深度在 1.00 m 以内者,不考虑放坡。
(2) 挖土深度在 1.01～2.00 m 者,按 1:0.5 放坡。
(3) 挖土深度在 2.01～4.00 m 者,按 1:0.7 放坡。
(4) 挖土深度在 4.01～5.00 m 者,按 1:1 放坡。
(5) 挖土深度大于 5.00 m 者,按土体稳定理论计算后的边坡系数进行放坡。
6. 沟槽土方放坡开挖,其人工和机械乘 0.90 系数。
7. 本节定额中均已包括 100 m 土方场内运输,但不包括场外运输。
8. 沟槽、基坑的支护套用第六章措施工程相关子目。

工程量计算规则

1. 本节定额挖、填、运土方的体积均按天然密实体积以"m^3"计算。
2. 挖土方应扣除道路结构层部分的旧料所占的体积,旧料所占的体积可按设计图纸指明的厚度进行计算。
3. 挖沟槽土方(深度≥1.3 m)时,若根据施工组织设计采用单边弃土者,其人工乘以 1.10 系数,其他不变。
4. 管道安装作业坑和沿线各种井室所需增加开挖的土方量矩形沟槽按沟槽总土方量的 7.5%;梯形沟槽按沟槽总土方量的 2.5%计算。
5. 挖土工程量可按下列方法计算:

矩形沟槽挖土体积＝排管长度×沟槽宽度×(沟槽深度－道路结构层)×1.075
梯形沟槽挖土体积＝排管长度×[沟槽宽度＋(沟槽深度－道路结构层)×
　　　　　　　　　放坡系数]×(沟槽深度－道路结构层)×1.025

6. 同底双管同沟槽埋管沟槽槽底深度取同沟槽排管口径最大者。
7. 回填土工程量可按下列方法计算:

回填土体积＝挖土体积－管道外径体积及设置的各种构筑物所占体积

工作内容：1，2，3. 挖沟槽土方，湿土排水沟槽挖土。
　　　　　4. 挖沟槽淤泥。

定额编号			G-1-2-1	G-1-2-2	G-1-2-3	G-1-2-4
项目			建成区挖土方	非建成区挖土方	农田挖土方	挖淤泥
			m³	m³	m³	m³
预算定额编号	预算定额名称	预算定额单位	数　量			
06-1-2-10	有支护机械挖沟槽土方（深3 m以内）抛土	m³	0.0750	0.1500	0.2000	
06-1-2-11	有支护机械挖沟槽土方（深3 m以内）装车	m³	0.0750	0.1500	0.2000	
06-1-2-12	机械挖沟槽土方 淤泥、流砂	m³				0.7000
06-1-2-2【系】	人工挖沟槽土方 一、二类土 3 m以内	m³			0.2000	
06-1-2-4【系】	人工挖沟槽土方 三类土 3 m以内	m³	0.7000	0.4000		
06-1-2-7	人工挖沟槽淤泥 3 m以内	m³				0.3000
06-1-2-8	无支护机械挖沟槽土方（深3 m以内）抛土	m³	0.0750	0.1500	0.2000	
06-1-2-9	无支护机械挖沟槽土方（深3 m以内）装车	m³	0.0750	0.1500	0.2000	
06-6-6-1	湿土排水沟槽挖土	m³	0.3760	0.3750	0.3750	

工作内容：1，2，3. 挖沟槽土方，湿土排水沟槽挖土。
　　　　　4. 挖沟槽淤泥。

定额编号				G-1-2-1	G-1-2-2	G-1-2-3	G-1-2-4
项目				建成区挖土方	非建成区挖土方	农田挖土方	挖淤泥
				m³	m³	m³	m³
	名　称		单位				
人工	00150101	综合人工	工日	0.5962	0.3539	0.1220	0.3855
材料	35010703	木模板成材	m³	0.0001			
机械	99010040	履带式单斗液压挖掘机 0.6 m³	台班				0.0084
	99010060	履带式单斗液压挖掘机 1 m³	台班	0.0009	0.0019	0.0024	
	99440010	电动单级离心清水泵 φ50	台班	0.0231	0.0232	0.0231	

工作内容：1. 填土、夯实。
2. 填砂、振实。
3. 土方场外运输。
4. 结构碎石场外运输。

定额编号			G-1-2-5	G-1-2-6	G-1-2-7	G-1-2-8
项目			回填土	回填砂	土方外运	结构碎石外运
			m³	m³	m³	m³
预算定额编号	预算定额名称	预算定额单位	数 量			
06-1-2-20	回填土	m³	1.0000			
06-1-2-21	回填黄砂	m³		1.0000		
补06-1-2-SS	结构碎石外运	m³				1.0000
补06-1-2-TF【系】	土方外运	m³			1.0000	

工作内容：1. 填土、夯实。
2. 填砂、振实。
3. 土方场外运输。
4. 结构碎石场外运输。

定额编号			G-1-2-5	G-1-2-6	G-1-2-7	G-1-2-8
项目			回填土	回填砂	土方外运	结构碎石外运
			m³	m³	m³	m³
	名 称	单位				
人工	00150101 综合人工	工日	0.3240	0.2916		
材料	04030115 黄砂 中粗	t		1.7680		
	34110101 水	m³		0.0840		
机械	99050940 混凝土振捣器 平板式	台班		0.0750		
	99130350 内燃夯实机 700 N·m	台班	0.0208			
	99510010 土方外运	m³			1.0000	
	99510081 结构碎石外运	m³				1.0000

工作内容：泥浆场外运输。

定额编号			G-1-2-9
项目			泥浆外运
			m³
预算定额编号	预算定额名称	预算定额单位	数 量
补06-1-2-SS【系】	泥浆外运	m³	1.0000

工作内容：泥浆场外运输。

定额编号			G-1-2-9
项目			泥浆外运
名 称		单位	m³
机械	99510040 泥浆外运	m³	1.0000

# 第三节 工作井

说 明

1. 本节定额包括工作井(简易支撑)、工作井(钢板桩)、工作井(拉森桩)、泥浆池,适用于定向钻穿越工程。
2. 本节定额内容包括拆除路基、挖填运土、排水、打桩及支撑、余土处理。
3. 工作井(钢板桩)分为管径 300 mm 以内和管径 300 mm 以上两种,不分入土井和出土井。管径 300 mm 以内的工作井尺寸,按 5 m×2 m×2 m 计算;管径 300 mm 以上 700 mm 以内的工作井,按 5 m×2 m×4 m 计算;管径 700 mm 以上的工作井,按实另计。
4. 工作井(钢板桩)管径 300 mm 以内的,按钢板桩桩长 4.00～6.00 m 编制;管径 300 mm 以上 700 mm 以内的,按钢板桩桩长 6.01～9.00 m 编制。
5. 工作井(拉森桩)尺寸按 5 m×2 m×6 m 计算,按拉森钢板桩桩长 8.00～12.00 m 编制。
6. 工作井(钢板桩)和工作井(拉森桩)未包括板桩使用费和打桩机进出场费。
7. 泥浆池尺寸按 8 m×3 m×1.5 m 计算,砖井砌筑。

工程量计算规则

工作井以"座"为计量单位。

工作内容：1. 挖方，挖土排水，100 m以内运土、卸土，土方回填，土方外运，结构碎石外运。

2，3. 挖方，挖土排水，打、拔钢板桩，100 m以内运土、卸土，土方回填，土方外运，结构碎石外运。

4. 挖方，挖土排水，打、拔拉森桩，100 m以内运土、卸土，土方回填，土方外运，结构碎石外运。

定 额 编 号			G-1-3-1	G-1-3-2	G-1-3-3	G-1-3-4
项 目			工作井（简易支撑）	工作井（钢板桩）公称直径300 mm以内	工作井（钢板桩）公称直径300 mm以上	工作井（拉森桩）
			座	座	座	座
预算定额编号	预算定额名称	预算定额单位	数 量			
06-1-1-17	空压机拆除碎石类基层 厚15 cm	m²	10.0000	10.0000	10.0000	10.0000
06-1-2-14	人工挖基坑土方 三类 3 m以内	m³	13.5000	18.5000	38.5000	
06-1-2-19	挖基坑土方 有支护机械挖土 S≤150 m²，6 m以内	m³				58.5000
06-1-2-20	回填土	m³	8.3950	13.3950	30.1900	50.1900
06-6-1-1	安装、拆除钢板桩支撑 深2 m以内	m		10.0000		
06-6-1-18	打沟槽钢板桩（单面）桩长 4.00～6.00 m	100 m		0.1000		
06-6-1-19	打沟槽钢板桩（单面）桩长 6.01～9.00 m	100 m			0.1000	
06-6-1-21	拔沟槽钢板桩（单面）桩长 4.00～6.00 m	100 m		0.1000		
06-6-1-22	拔沟槽钢板桩（单面）桩长 6.01～9.00 m	100 m			0.1000	
06-6-1-24	打沟槽拉森钢板桩（单面）桩长 8.00～12.00 m	100 m				0.1000
06-6-1-26	拔沟槽拉森钢板桩（单面）桩长 8.00～12.00 m	100 m				0.1000
06-6-1-3	安装、拆除钢板桩支撑 深4 m以内	m			10.0000	10.0000
06-6-6-1	湿土排水沟槽挖土	m³	5.0000	10.0000	30.0000	50.0000
补 06-1-2-SS	结构碎石外运	t	3.3000	3.3000	3.3000	3.3000
临 06-1-2-TF	土方外运	t	9.1890	9.1890	14.9580	14.9580

工作内容：1. 挖方，挖土排水，100 m 以内运土、卸土，土方回填，土方外运，结构碎石外运。
2，3. 挖方，挖土排水，打、拔钢板桩，100 m 以内运土、卸土，土方回填，土方外运，结构碎石外运。
4. 挖方，挖土排水，打、拔拉森桩，100 m 以内运土、卸土，土方回填，土方外运，结构碎石外运。

定额编号			G-1-3-1	G-1-3-2	G-1-3-3	G-1-3-4
项目			工作井（简易支撑）	工作井（钢板桩）公称直径300 mm 以内	工作井（钢板桩）公称直径300 mm 以上	工作井（拉森桩）
名称		单位	座	座	座	座
人工	00150101	综合人工	工日	13.9033	45.6901	76.4492	77.4837
材料	01190239	热轧槽钢 20#	kg		0.0050	0.0110	0.0110
	03152501	镀锌铁丝	kg		0.4100	0.9200	0.9200
	03211101	风镐凿子	根	0.3000	0.3000	0.3000	0.3000
	04030115	黄砂 中粗	t		0.7795	1.1692	2.5766
	05030107	中方材 55~100 cm²	m³		0.0070	0.0130	0.0130
	35010703	木模板成材	m³	0.0087	0.0138	0.0229	
	35090121	槽型钢板桩摊销	t		0.0865	0.1298	
	35090141	拉森钢板桩摊销	t				0.2860
	35091771	铁撑柱	kg	0.0020	0.0070	0.0070	
	35091901	钢桩帽摊销	kg		4.3300	6.4890	34.3000
机械	99010080	履带式单斗液压挖掘机 1.25 m³	台班				0.4680
	99030080	轨道式柴油打桩机 0.6 t	台班		0.8912	1.2302	
	99030110	轨道式柴油打桩机 1.8 t	台班				2.8223
	99030690	简易拔桩架	台班		1.1379	1.4175	
	99030970	震动锤 45 kW	台班				1.9218
	99090070	履带式起重机 5 t	台班		0.2380	0.4990	0.4990
	99090090	履带式起重机 15 t	台班				1.9218
	99130350	内燃夯实机 700 N·m	台班	0.1746	0.2786	0.6280	1.0440
	99330010	风镐	台班	0.1350	0.1350	0.1350	0.1350
	99430290	内燃空气压缩机 6 m³/min	台班	0.0680	0.0680	0.0680	0.0680
	99440010	电动单级离心清水泵 φ50	台班	0.3085	0.6170	1.8510	3.0850
	99510010	土方外运	m³	9.1890	9.1890	14.9580	14.9580
	99510071	结构碎石外运	t	3.3000	3.3000	3.3000	3.3000

工作内容:挖方,挖土排水,100 m 以内运土、卸土,土方回填,砖井砌筑。

定额编号			G-1-3-5
项 目			泥浆池
			座
预算定额编号	预算定额名称	预算定额单位	数 量
06-1-2-14	人工挖基坑土方 三类 3 m 以内	m³	36.0000
06-1-2-20	回填土	m³	16.5600
06-1-3-34	砌筑工程 砖井砌筑 深 2.5 m 以内	m³	19.4400
06-6-6-1	湿土排水沟槽挖土	m³	12.0000

工作内容:挖方,挖土排水,100 m 以内运土、卸土,土方回填,砖井砌筑。

	定额编号			G-1-3-5
	项 目			泥浆池
	名 称		单位	座
人工	00150101	综合人工	工日	67.0701
材料	02090101	塑料薄膜	m²	3.3009
	04131711	蒸压灰砂砖	千块	10.5948
	34110101	水	m³	1.1664
	80060412	湿拌砌筑砂浆 WM M7.5	m³	4.5101
机械	99130350	内燃夯实机 700 N·m	台班	0.3444
	99440010	电动单级离心清水泵 φ50	台班	0.7404

第二章 管道及附件安装工程

说　　明

1. 本章定额包括地上管道安装工程、地下管道安装工程、管件安装工程、地上阀门安装工程、地下阀门及附属设施安装工程和牺牲阳极工程，共6节72个子目。
2. 本章定额不包含高压门站内的管道及附属设备安装工程。
3. 本章定额各种燃气管道的输送压力：

超高压　　　$4.0\ \text{MPa} < P \leqslant 6.4\ \text{MPa}$
高压　　A级　$2.5\ \text{MPa} < P \leqslant 4.0\ \text{MPa}$
高压　　B级　$1.6\ \text{MPa} < P \leqslant 2.5\ \text{MPa}$
次高压　A级　$0.8\ \text{MPa} < P \leqslant 1.6\ \text{MPa}$
次高压　B级　$0.4\ \text{MPa} < P \leqslant 0.8\ \text{MPa}$
中压　　A级　$0.2\ \text{MPa} < P \leqslant 0.4\ \text{MPa}$
中压　　B级　$0.01\ \text{MPa} \leqslant P \leqslant 0.2\ \text{MPa}$
低压　　　　$P < 0.01\ \text{MPa}$

铸铁管道安装定额按中压B级、低压燃气管道综合考虑；
聚乙烯管道安装定额按中压、低压燃气管道综合考虑；
碳钢管道（氩电联焊）安装定额按高压、次高压、中压、低压综合考虑；
碳钢管道（下向焊）安装定额按超高压、高压综合考虑。

4. 地上管道与地下管道的分界，以出地面的第一个零件为准，零件（含零件）以下的为地下管道。
5. 本章定额中的地上管道和金属支架均已考虑除锈和刷油。
6. 本章定额中的管道防腐是按集中制作和现场制作相结合的方法考虑。管道防腐采用三层聚乙烯普通级防腐，管道接口防腐采用热收缩套工艺。
7. 气体置换包括氮气和天然气置换。

第一节 地上管道安装工程

说 明

1. 本节定额包括镀锌钢管安装和钢管安装（氩电联焊）。
2. 镀锌钢管安装已包括管件和支架安装。
3. 钢管安装（氩电联焊）已包括法兰、法兰盖和支架安装。
4. 本节定额的管道安装均包含管道外防腐、无损探伤以及管道的清通试压和置换。

工程量计算规则

本节定额中管道安装工程量，按设计图示管道中心线以延长米计算，以"m"为计量单位。管件、法兰和阀门等管道附件所占长度已在管道施工损耗中综合考虑，计算工程量时均不扣除其所占长度。

第二章 管道及附件安装工程

工作内容： 1. 管道安装,刷漆,支架制作、安装,支架刷漆,气压试验,气密性试验,管道吹扫,气体置换。
2. 管道焊接,除锈,支架制作、安装,刷漆,无损探伤,气压试验,气密性试验,管道吹扫,气体置换。
3，4. 管道焊接,除锈,支架制作、安装,刷漆,无损探伤,气压试验,气密性试验,管道吹扫,管道清通,气体置换。

定 额 编 号			G-2-1-1	G-2-1-2	G-2-1-3	G-2-1-4
项　目			镀锌钢管安装	钢管安装（氩电联焊）		
			公称直径 50 mm 以内	公称直径 50 mm 以内	公称直径 100 mm 以内	公称直径 150 mm 以内
			m	m	m	m
预算定额编号	预算定额名称	预算定额单位	数　量			
06-2-1-16【系】	钢管安装（氩电联焊）D57×4 mm	m		1.0000		
06-2-1-18【系】	钢管安装（氩电联焊）D108×6 mm	m			1.0000	
06-2-1-19【系】	钢管安装（氩电联焊）D159×8 mm	m				1.0000
06-2-1-6	镀锌钢管安装（螺纹连接）50 mm 以内	m	1.0000			
06-2-3-18	法兰盖安装 公称直径 50 mm 以内	片		0.0970		
06-2-3-20【系】	法兰盖安装 公称直径 100 mm 以内	片			0.0940	
06-2-3-21	法兰盖安装 公称直径 150 mm 以内	片				0.0830
06-2-3-6【系】	碳钢平焊法兰安装 50 mm 以内	副		0.1890		
06-2-3-8【系】	碳钢平焊法兰安装 100 mm 以内	副			0.1050	
06-2-3-9【系】	碳钢平焊法兰安装 150 mm 以内	副				0.0930
06-2-7-1	管道除锈	m^2		0.1790	0.3390	0.5000
06-2-7-10	刷油 金属支架调和漆 第二遍	100 kg	0.0040	0.0040	0.0050	0.0060
06-2-7-11	刷油 金属支架防锈漆 第一遍	100 kg	0.0040	0.0040	0.0050	0.0060
06-2-7-12	刷油 金属支架防锈漆 第二遍	100 kg	0.0040	0.0040	0.0050	0.0060
06-2-7-2	金属支架除锈	100 kg	0.0040	0.0040	0.0050	0.0060
06-2-7-48	管道焊缝 X 射线摄影 80×150 mm 管壁厚 16 mm 以内	张		0.5000	1.0000	1.0000
06-2-7-7	刷油 管道调和漆 第一遍	m^2	0.1790	0.1790	0.3390	0.5000
06-2-7-8	刷油 管道调和漆 第二遍	m^2	0.1790	0.1790	0.3390	0.5000
06-2-7-9	刷油 金属支架调和漆 第一遍	100 kg	0.0040	0.0040	0.0050	0.0060
06-2-8-1	气压试验 公称直径 50 mm 以内	m	1.0000	1.0000		
06-2-8-14	气密性试验 公称直径 50 mm 以内	m	1.0000	1.0000		
06-2-8-15	气密性试验 公称直径 100 mm 以内	m			1.0000	
06-2-8-16	气密性试验 公称直径 150 mm 以内	m				1.0000
06-2-8-2	气压试验 公称直径 100 mm 以内	m			1.0000	
06-2-8-24	管道吹扫 公称直径 100 mm 以内	m	2.0000	2.0000	2.0000	
06-2-8-25	管道吹扫 公称直径 150 mm 以内	m				2.0000
06-2-8-3	气压试验 公称直径 150 mm 以内	m				1.0000
06-2-8-33	管道清通清管器 公称直径 300 mm 以内	m			2.0000	2.0000
06-2-8-36【系】【换】	管道置换（各类气体）公称直径 50 mm 以内	m	2.0000	2.0000		
06-2-8-37【系】【换】	管道置换（各类气体）公称直径 100 mm 以内	m			2.0000	
06-2-8-38【系】【换】	管道置换（各类气体）公称直径 150 mm 以内	m				2.0000
06-2-9-1	金属支架制作	t	0.0004	0.0004		0.0010
06-2-9-1【系】	金属支架制作	t			0.0010	
06-2-9-2	金属支架安装	t	0.0004	0.0004		0.0010
06-2-9-2【系】	金属支架安装	t			0.0010	

工作内容: 1. 管道安装,刷漆,支架制作、安装,支架刷漆,气压试验,气密性试验,管道吹扫,气体置换。
2. 管道焊接,除锈,支架制作、安装,刷漆,无损探伤,气压试验,气密性试验,管道吹扫,气体置换。
3、4. 管道焊接,除锈,支架制作、安装,刷漆,无损探伤,气压试验,气密性试验,管道吹扫,管道清通,气体置换。

	定额编号		G-2-1-1	G-2-1-2	G-2-1-3	G-2-1-4
			镀锌钢管安装	钢管安装(氩电联焊)		
	项 目		公称直径 50 mm 以内	公称直径 50 mm 以内	公称直径 100 mm 以内	公称直径 150 mm 以内
	名 称	单位	m	m	m	m
人工	00150101 综合人工	工日	0.4170	0.3752	0.6194	0.7036
材料	01150101 热轧型钢 综合	t	0.0004	0.0004	0.0005	0.0006
	01210102 等边角钢	kg	0.0060	0.0111	0.0160	
	01290102 热轧钢板 综合	kg	0.2300	0.2400	0.5888	0.6078
	01610106 铈钨棒	g		0.0017	0.0594	0.1008
	02010183 橡胶板(中压)δ0.8～6	kg	0.0062	0.0062	0.0106	0.0150
	02130312 聚四氟乙烯带(生料带)宽度25	m	0.9101			
	03014283 镀锌六角螺栓连母垫 M16	套	0.0750	1.2419	1.8047	
	03014285 镀锌六角螺栓连母垫 M20	套				1.6783
	03018172 膨胀螺栓(钢制)M8	套	0.0167	0.0167	0.0200	0.0241
	03110212 尼龙砂轮片 φ100	片		0.0311	0.0483	0.0697
	03110623 铁砂布 2#	张	0.0002	0.0002	0.0002	0.0002
	03130123 电焊条 J507	kg	0.0205	0.0426	0.1072	0.1599
	03130927 碳钢氩弧焊丝(H08MnR)φ3	kg		0.0003	0.0106	0.0180
	03155901 钢丝刷	把	0.0002	0.0002	0.0002	0.0002
	13010115 酚醛调和漆	kg	0.0416	0.0416	0.0746	0.1080
	13056131 酚醛防锈漆	kg	0.0070	0.0070	0.0085	0.0102
	14030401 柴油	kg			0.3588	0.3588
	14050201 松香水	kg	0.0046	0.0046	0.0082	0.0118
	14310731 硫代硫酸钠	g		7.2450	14.4900	14.4900
	14390101 氧气	m³	0.0173	0.0543	0.0920	0.1214
	14390302 乙炔气	kg	0.0057	0.0180	0.0307	0.0404
	14390501 氮气	m³	0.0087	0.0087	0.0350	0.0795
	14390701 氩气	m³		0.0008	0.0297	0.0504
	16110211 X光透视用铅板 80×150	块		0.0190	0.0380	0.0380
	16110311 X光软胶片 80×150	张		0.6000	1.2000	1.2000
	16110710 增感纸 80×150	张		0.0250	0.0500	0.0500
	17010867 燃气直缝焊接钢管φ159×6	m				1.0200
	17030126 镀锌焊接钢管 DN50	m	1.0000			
	17070279 无缝钢管 D57×4	m		1.0200	0.0040	0.0040

第二章 管道及附件安装工程

(续表)

定额编号			G-2-1-1	G-2-1-2	G-2-1-3	G-2-1-4
项 目			镀锌钢管安装	钢管安装(氩电联焊)		
			公称直径 50 mm 以内	公称直径 50 mm 以内	公称直径 100 mm 以内	公称直径 150 mm 以内
名 称		单位	m	m	m	m
材料	17070283 无缝钢管 D108×6	m			1.0200	
	18034716 镀锌钢管接头 DN50	个	0.8370			
	18252417 角钢立管卡子 DN50	副	0.3970			
	19010017 螺纹阀门 DN50	只			0.0040	0.0040
	20010211 平焊钢法兰 DN50	片		0.1888	0.0160	0.0160
	20010213 平焊钢法兰 DN100	片			0.1050	
	20010214 平焊钢法兰 DN150	片				0.0927
	20210516 钢制法兰盖 DN50	片		0.0970		
	20210518 光滑面钢法兰盖 DN100	片			0.0940	
	20210519 钢制法兰盖 DN150	片				0.0831
	20330316 聚四氟乙烯垫片 DN50	片		0.2946		
	20330319 聚四氟乙烯垫片 DN100	片			0.2050	
	20330321 聚四氟乙烯垫片 DN150	片				0.1811
	24110112 压力表 0~2.5 MPa	套			0.0004	0.0004
	27170510 自粘性橡胶绝缘胶带	m		0.3450	0.6900	0.6900
	34110801 天然气	m³	0.0087	0.0087	0.0354	0.0795
	35060411 清通器 DN300	只				0.0004
机械	98530470 火花检测仪	台班		0.0001	0.0080	0.0080
	99070520 载重汽车 4 t	台班		0.0025	0.0038	
	99070560 载重汽车 10 t	台班			0.0040	0.0040
	99090350 汽车式起重机 5 t	台班		0.0056	0.0083	
	99090390 汽车式起重机 12 t	台班			0.0040	0.0040
	99190230 立式钻床 φ25	台班	0.0003	0.0003	0.0004	0.0005
	99190710 管子切断机 φ150	台班		0.0015		
	99190750 管子切断套丝机 φ159	台班	0.0240			
	99191230 手提砂轮机 φ150	台班		0.0089	0.0169	0.0250
	99230180 砂轮切割机 φ500	台班		0.0010	0.0020	0.0025
	99250010 交流弧焊机 21 kV·A	台班	0.0054	0.0191	0.0389	0.0548
	99250440 氩弧焊机 500 A	台班		0.0032	0.0056	0.0074
	99270060 电焊条烘干箱 600×500×750	台班		0.0003	0.0030	0.0035
	99290010 X光胶片脱水烘干机 ZTH-340	台班		0.0035	0.0070	0.0070
	99290050 X光探伤机 2005	台班		0.0506	0.1012	0.1012
	99430290 内燃空气压缩机 6 m³/min	台班	0.0036	0.0036	0.0050	0.0054
	JX2030 其他机械费	%				

工作内容：管道焊接,除锈,支架制作、安装,刷漆,无损探伤,气压试验,气密性试验,管道吹扫,管道清通,气体置换。

定额编号			G-2-1-5	G-2-1-6
项目			钢管安装（氩电联焊）	
			公称直径200 mm 以内	公称直径300 mm 以内
			m	m
预算定额编号	预算定额名称	预算定额单位	数　量	
06-2-1-20【系】	钢管安装（氩电联焊）D219×8 mm	m	1.0000	
06-2-1-21【系】	钢管安装（氩电联焊）D325×8 mm	m		1.0000
06-2-3-10【系】	碳钢平焊法兰安装 200 mm 以内	副	0.0920	
06-2-3-11【系】	碳钢平焊法兰安装 300 mm 以内	副		0.0920
06-2-3-22	法兰盖安装 公称直径 200 mm 以内	片	0.0830	
06-2-3-23	法兰盖安装 公称直径 300 mm 以内	片		0.0820
06-2-7-1	管道除锈	m²	0.6880	1.0210
06-2-7-10	刷油 金属支架调和漆 第二遍	100 kg	0.0120	0.0140
06-2-7-11	刷油 金属支架防锈漆 第一遍	100 kg	0.0120	0.0140
06-2-7-12	刷油 金属支架防锈漆 第二遍	100 kg	0.0120	0.0140
06-2-7-2	金属支架除锈	100 kg	0.0120	0.0140
06-2-7-46	管道焊缝 X 射线摄影 80×300 mm 管壁厚 16 mm 以内	张	0.6670	1.0000
06-2-7-7	刷油 管道调和漆 第一遍	m²	0.6880	1.0210
06-2-7-8	刷油 管道调和漆 第二遍	m²	0.6880	1.0210
06-2-7-9	刷油 金属支架调和漆 第一遍	100 kg	0.0120	0.0140
06-2-8-17	气密性试验 公称直径 200 mm 以内	m	1.0000	
06-2-8-18	气密性试验 公称直径 300 mm 以内	m		1.0000
06-2-8-26	管道吹扫 公称直径 200 mm 以内	m	2.0000	
06-2-8-27	管道吹扫 公称直径 300 mm 以内	m		2.0000
06-2-8-33	管道清通清管器 公称直径 300 mm 以内	m	2.0000	2.0000
06-2-8-39【系】【换】	管道置换（各类气体）公称直径 200 mm 以内	m	2.0000	
06-2-8-4	气压试验 公称直径 200 mm 以内	m	1.0000	
06-2-8-40【系】【换】	管道置换（各类气体）公称直径 300 mm 以内	m		2.0000
06-2-8-5	气压试验 公称直径 300 mm 以内	m		1.0000
06-2-9-1	金属支架制作	t	0.0010	0.0010
06-2-9-2	金属支架安装	t	0.0010	0.0010

工作内容：管道焊接,除锈,支架制作、安装,刷漆,无损探伤,气压试验,气密性试验,管道吹扫,管道清通,气体置换。

	定额编号			G-2-1-5	G-2-1-6
	项 目			钢管安装(氩电联焊)	
				公称直径 200 mm 以内	公称直径 300 mm 以内
		名　称	单位	m	m
人工	00150101	综合人工	工日	0.7605	1.0292
材料	01150101	热轧型钢 综合	t	0.0013	0.0014
	01210102	等边角钢	kg	0.0200	0.0200
	01290102	热轧钢板 综合	kg	0.6298	0.6688
	01610106	铈钨棒	g	0.1187	0.1263
	02010183	橡胶板(中压)δ0.8~6	kg	0.0198	0.0240
	03014285	镀锌六角螺栓连母垫 M20	套	1.7231	2.5916
	03018172	膨胀螺栓(钢制) M8	套	0.0408	0.0551
	03110212	尼龙砂轮片 φ100	片	0.0999	0.1468
	03110623	铁砂布 2#	张	0.0005	0.0005
	03130123	电焊条 J507	kg	0.2899	0.4224
	03130927	碳钢氩弧焊丝(H08MnR)φ3	kg	0.0212	0.0226
	03155901	钢丝刷	把	0.0005	0.0005
	13010115	酚醛调和漆	kg	0.1542	0.2225
	13056131	酚醛防锈漆	kg	0.0204	0.0229
	14030401	柴油	kg	0.3588	0.3588
	14050201	松香水	kg	0.0170	0.0244
	14310731	硫代硫酸钠	g	13.8001	20.7000
	14390101	氧气	m³	0.1736	0.2238
	14390302	乙炔气	kg	0.0578	0.0745
	14390501	氮气	m³	0.1410	0.2120
	14390701	氩气	m³	0.0594	0.0632
	16110212	X光透视用铅板 80×300	块	0.0253	0.0380
	16110312	X光软胶片 80×300	张	0.8004	1.2000
	16110711	增感纸 80×300	张	0.0333	0.0500
	17010869	钢管 φ219×8	m	1.0200	
	17010871	钢管 D325×8	m		1.0200
	17070279	无缝钢管 D57×4	m	0.0040	0.0040
	19010017	螺纹阀门 DN50	只	0.0040	0.0040
	20010211	平焊钢法兰 DN50	片	0.0160	0.0160
	20010215	平焊钢法兰 DN200	片	0.0920	
	20010216	平焊钢法兰 DN300	片		0.0915

(续表)

定额编号			G-2-1-5	G-2-1-6
项 目			钢管安装(氩电联焊)	
			公称直径200 mm以内	公称直径300 mm以内
	名 称	单位	m	m
材料	20210520 钢制法兰盖 DN200	片	0.0830	
	20210521 钢制法兰盖 DN300	片		0.0820
	20330323 聚四氟乙烯垫片 DN200	片	0.1802	
	20330327 聚四氟乙烯垫片 DN300	片		0.1785
	24110112 压力表 0~2.5 MPa	套	0.0004	0.0004
	27170510 自粘性橡胶绝缘胶带	m	0.4069	0.6100
	14391501 氮气	m³	0.1413	0.2121
	34110801 天然气	m³	0.1413	0.2121
	35060411 清通器 DN300	只	0.0004	0.0004
机械	98530470 火花检测仪	台班	0.0080	0.0085
	99070520 载重汽车 4 t	台班	0.0050	
	99070550 载重汽车 8 t	台班		0.0070
	99070560 载重汽车 10 t	台班	0.0040	0.0040
	99090350 汽车式起重机 5 t	台班	0.0111	0.0140
	99090390 汽车式起重机 12 t	台班	0.0040	0.0040
	99110022 工程修理车 4 t	台班	0.0050	0.0060
	99190230 立式钻床 φ25	台班	0.0008	0.0011
	99191230 手提砂轮机 φ150	台班	0.0344	0.0510
	99230180 砂轮切割机 φ500	台班	0.0040	0.0060
	99250010 交流弧焊机 21 kV·A	台班	0.0986	0.1426
	99250440 氩弧焊机 500 A	台班	0.0094	0.0132
	99270060 电焊条烘干箱 600×500×750	台班	0.0051	0.0068
	99290010 X光胶片脱水烘干机 ZTH-340	台班	0.0059	0.0088
	99290050 X光探伤机 2005	台班	0.0844	0.1265
	99430290 内燃空气压缩机 6 m³/min	台班	0.0054	0.0058

第二节　地下管道安装工程

说　明

1. 本节定额包括铸铁管安装、钢管安装（氩电联焊）、钢管安装（下向焊）、聚乙烯管安装、燃气引入管安装（绝缘镀锌钢管）、燃气引入管安装（聚乙烯管三通连接）。
2. 本节定额均已考虑管道安装排水和警示板。
3. 钢管安装的两种方式均包括法兰和法兰盖安装。
4. 燃气引入管安装已综合考虑挠性补偿器安装。
5. 本节定额的管道安装均包含管道外防腐、无损探伤以及管道的清通试压和置换。

工程量计算规则

1. 本节定额中管道安装工程量，按设计图示管道中心线以延长米计算，以"m"为计量单位。管件、法兰和阀门等管道附件所占长度已在管道施工损耗中综合考虑，计算工程量时均不扣除其所占长度。
2. 引入管安装以"根"为计量单位。
3. 引入管长度超过定额长度±20％时，管材按实调整。

工作内容：管道安装排水，警示板铺设，铸铁管安装，气压试验，气密性试验，管道吹扫，气体置换。

定额编号			G-2-2-1	G-2-2-2	G-2-2-3	G-2-2-4
项 目			铸铁管安装			
			公称直径 100 mm 以内	公称直径 150 mm 以内	公称直径 200 mm 以内	公称直径 300 mm 以内
			m	m	m	m
预算定额编号	预算定额名称	预算定额单位	数 量			
06-2-1-10	铸铁管安装（机械接口）150 mm 以内	m		1.0000		
06-2-1-11	铸铁管安装（机械接口）200 mm 以内	m			1.0000	
06-2-1-12	铸铁管安装（机械接口）300 mm 以内	m				1.0000
06-2-1-9	铸铁管安装（机械接口）100 mm 以内	m	1.0000			
06-2-8-15	气密性试验 公称直径 100 mm 以内	m	1.0000			
06-2-8-16	气密性试验 公称直径 150 mm 以内	m		1.0000		
06-2-8-17	气密性试验 公称直径 200 mm 以内	m			1.0000	
06-2-8-18	气密性试验 公称直径 300 mm 以内	m				1.0000
06-2-8-2	气压试验 公称直径 100 mm 以内	m	1.0000			
06-2-8-24	管道吹扫 公称直径 100 mm 以内	m	2.0000			
06-2-8-25	管道吹扫 公称直径 150 mm 以内	m		2.0000		
06-2-8-26	管道吹扫 公称直径 200 mm 以内	m			2.0000	
06-2-8-27	管道吹扫 公称直径 300 mm 以内	m				2.0000
06-2-8-3	气压试验 公称直径 150 mm 以内	m		1.0000		
06-2-8-37【系】【换】	管道置换（各类气体）公称直径 100 mm 以内	m	2.0000			
06-2-8-38【系】【换】	管道置换（各类气体）公称直径 150 mm 以内	m		2.0000		
06-2-8-39【系】【换】	管道置换（各类气体）公称直径 200 mm 以内	m			2.0000	
06-2-8-4	气压试验 公称直径 200 mm 以内	m			1.0000	
06-2-8-40【系】【换】	管道置换（各类气体）公称直径 300 mm 以内	m				2.0000
06-2-8-5	气压试验 公称直径 300 mm 以内	m				1.0000
06-2-9-12	警示板安装	1.0000	1.0000	1.0000	1.0000	1.0000
06-6-6-2	管道安装工程排水 公称直径 100 mm 以内	m	1.0000			
06-6-6-3	管道安装工程排水 公称直径 150 mm 以内	m		1.0000		
06-6-6-4	管道安装工程排水 公称直径 200 mm 以内	m			1.0000	
06-6-6-5	管道安装工程排水 公称直径 300 mm 以内	m				1.0000

工作内容: 管道安装排水,警示板铺设,铸铁管安装,气压试验,气密性试验,管道吹扫,气体置换。

	定额编号		G-2-2-1	G-2-2-2	G-2-2-3	G-2-2-4
			铸铁管安装			
	项 目		公称直径 100 mm 以内	公称直径 150 mm 以内	公称直径 200 mm 以内	公称直径 300 mm 以内
	名 称	单位	m	m	m	m
人工	00150101 综合人工	工日	0.2595	0.2945	0.3382	0.4449
材料	01290102 热轧钢板 综合	kg	0.2460	0.2610	0.2760	0.3060
	02010183 橡胶板(中压) δ0.8~6	kg	0.0106	0.0150	0.0198	0.0240
	03014283 镀锌六角螺栓连母垫 M16	套	0.1830			
	03014285 镀锌六角螺栓连母垫 M20	套		0.2440	0.2928	0.4636
	03130123 电焊条 J507	kg	0.0120	0.0120	0.0120	0.0120
	14090401 钙基润滑脂	kg	0.0483	0.0600	0.1078	0.1580
	14390101 氧气	m³	0.0148	0.0198	0.0234	0.0234
	14390302 乙炔气	kg	0.0050	0.0066	0.0078	0.0078
	14390501 氮气	m³	0.0350	0.0800	0.1410	0.2120
	17111711 机械式铸铁管 DN100	m	1.0000			
	17111712 机械式铸铁管 DN150	m		1.0000		
	17111713 机械式铸铁管 DN200	m			1.0000	
	17111714 机械式铸铁管 DN300	m				1.0000
	18012911 机械式铸铁管接口附件 DN100	套	0.2060			
	18012912 机械式铸铁管接口附件 DN150	套		0.2060		
	18012913 机械式铸铁管接口附件 DN200	套			0.2060	
	18012914 机械式铸铁管接口附件 DN300	套				0.2060
	34110801 天然气	m³	0.0350	0.0795	0.1410	0.2120
	34130483 警示板	m	1.0100	1.0100	1.0100	1.0100
机械	99070520 载重汽车 4 t	台班	0.0040	0.0050	0.0060	
	99070550 载重汽车 8 t	台班				0.0065
	99090350 汽车式起重机 5 t	台班	0.0080	0.0100	0.0120	0.0130
	99110022 工程修理车 4 t	台班			0.0050	0.0060
	99191250 台式砂轮机	台班	0.0100	0.0150	0.0200	0.0300
	99250010 交流弧焊机 21 kV·A	台班	0.0042	0.0042	0.0042	0.0042
	99430290 内燃空气压缩机 6 m³/min	台班	0.0038	0.0042	0.0042	0.0046
	99440320 潜水泵 φ50	台班	0.0076	0.0086	0.0143	0.0162

工作内容：1. 管道安装排水，警示板铺设，铸铁管安装，气压试验，气密性试验，管道吹扫，气体置换。
2，3，4. 管道安装排水，警示板铺设，钢管及专用附件安装，防腐，无损探伤，气压试验，气密性试验，管道吹扫，管道清通，气体置换。

定额编号			G-2-2-5	G-2-2-6	G-2-2-7	G-2-2-8
项目			铸铁管安装	钢管安装（氩电联焊）		
			公称直径 500 mm 以内	公称直径 100 mm 以内	公称直径 150 mm 以内	公称直径 200 mm 以内
			m	m	m	m
预算定额编号	预算定额名称	预算定额单位	数 量			
06-2-1-13	铸铁管安装（机械接口）500 mm 以内	m	1.0000			
06-2-1-18【系】	钢管安装（氩电联焊）D108×6 mm	m		1.0000		
06-2-1-19【系】	钢管安装（氩电联焊）D159×8 mm	m			1.0000	
06-2-1-20【系】	钢管安装（氩电联焊）D219×8 mm	m				1.0000
06-2-3-10	碳钢平焊法兰安装 200 mm 以内	副				0.0140
06-2-3-20	法兰盖安装 公称直径 100 mm 以内	片		0.0320		
06-2-3-21	法兰盖安装 公称直径 150 mm 以内	片			0.0290	
06-2-3-22	法兰盖安装 公称直径 200 mm 以内	片				0.0250
06-2-3-8	碳钢平焊法兰安装 100 mm 以内	副		0.0140		
06-2-3-9	碳钢平焊法兰安装 150 mm 以内	副			0.0140	
06-2-7-1	管道除锈	m²		0.0340	0.0500	0.0690
06-2-7-14	管道外防腐及补伤 管道补伤三层聚乙烯外防腐普通级	m²		0.0070	0.0100	0.0140
06-2-7-16	热收缩套 DN100 普通级	个		0.1810		
06-2-7-18	接口外防腐 热收缩套 DN150 普通级	个			0.1810	
06-2-7-20	接口外防腐 热收缩套 DN200 普通级	个				0.1810
06-2-7-41	管道焊缝超声波探伤 200 mm 以内	一个口				0.1810
06-2-7-46	管道焊缝 X 射线摄影 80×300 mm 管壁厚 16 mm 以内	张				0.7230
06-2-7-48	管道焊缝 X 射线摄影 80×150 mm 管壁厚 16 mm 以内	张		1.0840	1.0840	
06-2-8-15	气密性试验 公称直径 100 mm 以内	m		1.0000		
06-2-8-16	气密性试验 公称直径 150 mm 以内	m			1.0000	

(续表)

定额编号			G-2-2-5	G-2-2-6	G-2-2-7	G-2-2-8
项目			铸铁管安装	钢管安装（氩电联焊）		
			公称直径 500 mm 以内	公称直径 100 mm 以内	公称直径 150 mm 以内	公称直径 200 mm 以内
			m	m	m	m
预算定额编号	预算定额名称	预算定额单位	数　量			
06-2-8-17	气密性试验 公称直径 200 mm 以内	m				1.0000
06-2-8-19	气密性试验 公称直径 500 mm 以内	m	1.0000			
06-2-8-2	气压试验 公称直径 100 mm 以内	m		1.0000		
06-2-8-24	管道吹扫 公称直径 100 mm 以内	m		2.0000		
06-2-8-25	管道吹扫 公称直径 150 mm 以内	m			2.0000	
06-2-8-26	管道吹扫 公称直径 200 mm 以内	m				2.0000
06-2-8-28	管道吹扫 公称直径 500 mm 以内	m	2.0000			
06-2-8-3	气压试验 公称直径 150 mm 以内	m			1.0000	
06-2-8-33	管道清通清管器 公称直径 300 mm 以内	m		2.0000	2.0000	2.0000
06-2-8-37【系】【换】	管道置换（各类气体）公称直径 100 mm 以内	m		2.0000		
06-2-8-38【系】【换】	管道置换（各类气体）公称直径 150 mm 以内	m			2.0000	
06-2-8-39【系】【换】	管道置换（各类气体）公称直径 200 mm 以内	m				2.0000
06-2-8-4	气压试验 公称直径 200 mm 以内	m				1.0000
06-2-8-41【系】【换】	管道置换（各类气体）公称直径 500 mm 以内	m	2.0000			
06-2-8-6	气压试验 公称直径 500 mm 以内	m	1.0000			
06-2-9-12	警示板安装	m	1.0000	1.0000	1.0000	1.0000
06-6-6-2	管道安装工程排水 公称直径 100 mm 以内	m		1.0000		
06-6-6-3	管道安装工程排水 公称直径 150 mm 以内	m			1.0000	
06-6-6-4	管道安装工程排水 公称直径 200 mm 以内	m				1.0000
06-6-6-6	管道安装工程排水 公称直径 500 mm 以内	m	1.0000			

工作内容：1. 管道安装排水，警示板铺设，铸铁管安装，气压试验，气密性试验，管道吹扫，气体置换。
2，3，4. 管道安装排水，警示板铺设，钢管及专用附件安装，防腐，无损探伤，气压试验，气密性试验，管道吹扫，管道清通，气体置换。

	定额编号		G-2-2-5	G-2-2-6	G-2-2-7	G-2-2-8
			铸铁管安装	钢管安装（氩电联焊）		
项 目			公称直径 500 mm 以内	公称直径 100 mm 以内	公称直径 150 mm 以内	公称直径 200 mm 以内
	名 称	单位	m	m	m	m
人工	00150101	综合人工	工日	0.7082	0.7059	0.7593	0.7635
材料	01210102	等边角钢	kg		0.0070	0.0100	0.0130
	01290102	热轧钢板 综合	kg	0.3780	0.5851	0.6026	0.6218
	01610106	铈钨棒	g		0.0370	0.0630	0.0740
	02010183	橡胶板（中压）δ0.8～6	kg	0.0498	0.0106	0.0150	0.0198
	02131161	热收缩缠绕带 300×1.4	m²		0.0044	0.0063	0.0088
	02194101	补伤片 300×300	m²		0.0007	0.0010	0.0014
	03014283	镀锌六角螺栓连母垫 M16	套		0.5575		
	03014285	镀锌六角螺栓连母垫 M20	套			0.5916	0.6134
	03014286	镀锌六角螺栓连母垫 M22	套	1.3542			
	03110212	尼龙砂轮片 φ100	片		0.0084	0.0123	0.0180
	03110262	钢丝砂轮片 φ150	片		0.1445	0.1807	0.2168
	03110272	钢丝砂轮球 φ150	只		0.0070	0.0100	0.0138
	03130123	电焊条 J507	kg	0.0120	0.0571	0.0815	0.1484
	03130927	碳钢氩弧焊丝（H08MnR）φ3	kg		0.0066	0.0110	0.0133
	14030401	柴油	kg		0.3588	0.3588	0.3588
	14070101	机油	kg				0.0059
	14090401	钙基润滑脂	kg	0.3809			
	14310731	硫代硫酸钠	g		15.7072	15.7072	14.9593
	14351801	耦合剂	kg				0.0368
	14390101	氧气	m³	0.0390	0.1121	0.1625	0.2138
	14390302	乙炔气	kg	0.0132	0.1756	0.2679	0.3515
	14390501	氮气	m³	0.8840	0.0354	0.0800	0.1413
	14390701	氩气	m³		0.0186	0.0320	0.0371
	14414001	热熔胶	kg		0.0937	0.0953	0.0972
	16110211	X光透视用铅板 80×150	块		0.0412	0.0413	
	16110212	X光透视用铅板 80×300	块				0.0275
	16110311	X光软胶片 80×150	张		1.3008	1.3008	
	16110312	X光软胶片 80×300	张				0.8672
	16110710	增感纸 80×150	张		0.0542	0.0543	
	16110711	增感纸 80×300	张				0.0361
	17010867	燃气直缝焊接钢管 φ159×6	m			1.0200	
	17010869	燃气直缝焊接钢管 φ219×8	m				1.0200
	17070279	无缝钢管 D57×4	m		0.0040	0.0040	0.0040
	17070283	无缝钢管 D108×6	m		1.0200		
	17111716	机械式铸铁管 DN500	m	1.0000			
	18012916	机械式铸铁管接口附件 DN500	套	0.2060			
	18293031	热收缩套 DN100	个		0.1897		
	18293033	热收缩套 DN150	个			0.1897	

(续表)

定额编号			G-2-2-5	G-2-2-6	G-2-2-7	G-2-2-8
项目			铸铁管安装	钢管安装（氩电联焊）		
			公称直径 500 mm 以内	公称直径 100 mm 以内	公称直径 150 mm 以内	公称直径 200 mm 以内
名称		单位	m	m	m	m
材料	18293035	热收缩套 DN200	个				0.1880
	19010017	螺纹阀门 DN50	只		0.0040	0.0040	0.0040
	20010211	平焊钢法兰 DN50	片		0.0160	0.0160	0.0160
	20010213	平焊钢法兰 DN100	片		0.0280		
	20010214	平焊钢法兰 DN150	片			0.0280	
	20010215	平焊钢法兰 DN200	片				0.0280
	20210518	钢制法兰盖 DN100	片		0.0320		
	20210519	钢制法兰盖 DN150	片			0.0286	
	20210520	钢制法兰盖 DN200	片				0.0250
	20330319	聚四氟乙烯垫片 DN100	片		0.0473		
	20330321	聚四氟乙烯垫片 DN150	片			0.0439	
	20330323	聚四氟乙烯垫片 DN200	片				0.0405
	24110112	压力表 0～2.5 MPa	套		0.0004	0.0004	0.0004
	27170510	自粘性橡胶绝缘胶带	m		0.7480	0.7480	0.4408
	28431001	探头线	根				0.0001
	34110801	天然气	m³	0.8840	0.0354	0.0800	0.1413
	34130483	警示板	m	1.0100	1.0100	1.0100	1.0100
	35060411	清通器 DN300	只		0.0004	0.0004	0.0004
机械	98430432	红外线测温仪（SMART）	台班		0.0054	0.0054	0.0054
	98530470	火花检测仪	台班		0.0067	0.0075	0.0084
	99070500	载重汽车 2.5 t	台班		0.0018	0.0025	0.0034
	99070520	载重汽车 4 t	台班		0.0020	0.0024	0.0030
	99070550	载重汽车 8 t	台班	0.0075			
	99070560	载重汽车 10 t	台班		0.0040	0.0040	0.0040
	99090350	汽车式起重机 5 t	台班	0.0150	0.0040	0.0050	0.0070
	99090390	汽车式起重机 12 t	台班		0.0040	0.0040	0.0040
	99110022	工程修理车 4 t	台班	0.0090	0.0220	0.0315	0.0480
	99130110	内燃光轮压路机轻型	台班				0.0003
	99191230	手提砂轮机 φ150	台班		0.0017	0.0025	0.0034
	99191250	台式砂轮机	台班	0.0500			
	99230180	砂轮切割机 φ500	台班		0.0013	0.0020	0.0030
	99250010	交流弧焊机 21 kV·A	台班	0.0042	0.0223	0.0305	0.0552
	99250440	氩弧焊机 500 A	台班		0.0040	0.0050	0.0060
	99270060	电焊条烘干箱 600×500×750	台班		0.0011	0.0014	0.0025
	99290010	X光胶片脱水烘干机 ZTH-340	台班		0.0077	0.0076	0.0064
	99290020	超声波探伤机 CTS-22	台班				0.0095
	99290050	X光探伤机 2005	台班		0.1097	0.1097	0.0914
	99430290	内燃空气压缩机 6 m³/min	台班	0.0052	0.0050	0.0054	0.0054
	99440010	电动单级离心清水泵 φ50	台班			0.0063	0.0078
	99440320	潜水泵 φ50	台班	0.0276	0.0076	0.0086	0.0143

工作内容： 管道安装排水，警示板铺设，钢管及专用附件安装，防腐，无损探伤，气压试验，气密性试验，管道吹扫，管道清通，气体置换。

定额编号			G-2-2-9	G-2-2-10	G-2-2-11	G-2-2-12
项目			钢管安装（氩电联焊）			钢管安装（下向焊）
			公称直径 300 mm 以内	公称直径 500 mm 以内	公称直径 700 mm 以内	公称直径 500 mm 以内
			m	m	m	m
预算定额编号	预算定额名称	预算定额单位	数 量			
06-2-1-21【系】	钢管安装（氩电联焊）D325×8 mm	m	1.0000			
06-2-1-22【系】	钢管安装（氩电联焊）D529×10 mm	m		1.0000		
06-2-1-23【系】	钢管安装（氩电联焊）D720×10 mm	m			1.0000	
06-2-1-25	钢管安装（下向焊）D508×12.7 mm	m				1.0000
06-2-3-11	碳钢平焊法兰安装 300 mm 以内	副	0.0090			
06-2-3-12	碳钢平焊法兰安装 500 mm 以内	副		0.0090		
06-2-3-13	碳钢平焊法兰安装 700 mm 以内	副			0.0090	
06-2-3-23	法兰盖安装 公称直径 300 mm 以内	片	0.0220			
06-2-3-24	法兰盖安装 公称直径 500 mm 以内	片		0.0190		
06-2-3-25	法兰盖安装 公称直径 700 mm 以内	片			0.0150	
06-2-7-1	管道除锈	m²	0.1020	0.1660	0.2260	0.1660
06-2-7-14	管道外防腐及补伤 管道补伤三层聚乙烯外防腐普通级	m²	0.0200	0.0330	0.0450	0.0320
06-2-7-22	接口外防腐 热收缩套 DN300 普通级	个	0.1780			
06-2-7-24	接口外防腐 热收缩套 DN500 普通级	个		0.1760		0.0830
06-2-7-26	接口外防腐 热收缩套 DN700 普通级	个			0.1760	
06-2-7-42	管道焊缝超声波探伤 300 mm 以内	一个口	0.1760			
06-2-7-43	管道焊缝超声波探伤 500 mm 以内	一个口		0.1760		0.0830
06-2-7-44	管道焊缝超声波探伤 700 mm 以内	一个口			0.1760	
06-2-7-46	管道焊缝 X 射线摄影 80×300 mm 管壁厚 16 mm 以内	张	1.0540	1.4050	2.1080	0.6670
06-2-8-12	水压试验 公称直径 500 mm 以内	m				1.0000

(续表)

定额编号			G-2-2-9	G-2-2-10	G-2-2-11	G-2-2-12
项 目			钢管安装（氩电联焊）			钢管安装（下向焊）
			公称直径 300 mm 以内	公称直径 500 mm 以内	公称直径 700 mm 以内	公称直径 500 mm 以内
			m	m	m	m
预算定额编号	预算定额名称	预算定额单位	数 量			
06-2-8-18	气密性试验 公称直径 300 mm 以内	m	1.0000			
06-2-8-19	气密性试验 公称直径 500 mm 以内	m		1.0000		1.0000
06-2-8-20	气密性试验 公称直径 700 mm 以内	m			1.0000	
06-2-8-27	管道吹扫 公称直径 300 mm 以内	m	2.0000			
06-2-8-28	管道吹扫 公称直径 500 mm 以内	m		2.0000		2.0000
06-2-8-29	管道吹扫 公称直径 700 mm 以内	m			2.0000	
06-2-8-33	管道清通清管器 公称直径 300 mm 以内	m	2.0000			
06-2-8-34	管道清通清管器 公称直径 500 mm 以内	m		2.0000		2.0000
06-2-8-35	管道清通清管器 公称直径 800 mm 以内	m			2.0000	
06-2-8-40【系】【换】	管道置换（各类气体）公称直径 300 mm 以内	m	2.0000			
06-2-8-41【系】【换】	管道置换（各类气体）公称直径 500 mm 以内	m		2.0000		2.0000
06-2-8-42【系】【换】	管道置换（各类气体）公称直径 700 mm 以内	m			2.0000	
06-2-8-5	气压试验 公称直径 300 mm 以内	m	1.0000			
06-2-8-6	气压试验 公称直径 500 mm 以内	m		1.0000		
06-2-8-7	气压试验 公称直径 700 mm 以内	m			1.0000	
06-2-9-12	警示板安装	m	1.0000	1.0000	1.0000	1.0000
06-6-6-5	管道安装工程排水 公称直径 300 mm 以内	m	1.0000			
06-6-6-6	管道安装工程排水 公称直径 500 mm 以内	m		1.0000		1.0000
06-6-6-7	管道安装工程排水 公称直径 700 mm 以内	m			1.0000	

工作内容：管道安装排水,警示板铺设,钢管及专用附件安装,防腐,无损探伤,气压试验,气密性试验,管道吹扫,管道清通,气体置换。

	定额编号		G-2-2-9	G-2-2-10	G-2-2-11	G-2-2-12
			钢管安装（氩电联焊）			钢管安装（下向焊）
	项 目		公称直径 300 mm 以内	公称直径 500 mm 以内	公称直径 700 mm 以内	公称直径 500 mm 以内
	名 称	单位	m	m	m	m
人工	00150101 综合人工	工日	0.9860	1.4118	1.9382	1.3241
材料	01210102 等边角钢	kg	0.0125	0.0231	0.0313	
	01290102 热轧钢板 综合	kg	0.6576	0.9294	1.3358	0.8426
	01610106 铈钨棒	g	0.0789	0.1386	0.1946	
	02010183 橡胶板（中压）δ0.8～6	kg	0.0240	0.0498	0.0906	0.0415
	02131161 热收缩缠绕带 300×1.4	m²	0.0129	0.0209	0.0285	0.0202
	02194101 补伤片 300×300	m²	0.0020	0.0033	0.0045	0.0032
	03014285 镀锌六角螺栓连母垫 M20	套	0.8431			
	03014286 镀锌六角螺栓连母垫 M22	套		1.9193		1.0212
	03014288 镀锌六角螺栓连母垫 M27	套			2.6347	
	03110212 尼龙砂轮片 φ100	片	0.0233	0.0454	0.0629	0.0166
	03110213 尼龙砂轮片 φ150	片				0.3000
	03110262 钢丝砂轮片 φ150	片	0.2635	0.2108	0.2635	0.1000
	03110272 钢丝砂轮球 φ150	只	0.0204	0.0332	0.0452	0.0319
	03130123 电焊条 J507	kg	0.2079	0.4086	0.5654	0.0160
	03130129 电焊条 E6010	kg				0.5500
	03130927 碳钢氩弧焊丝（H08MnR）φ3	kg	0.0141	0.0248	0.0348	
	14030401 柴油	kg	0.3588	0.4622	0.7220	0.4622
	14070101 机油	kg	0.0114	0.0177	0.0207	0.0083
	14310731 硫代硫酸钠	g	21.8178	29.0903	43.6356	13.8001
	14351801 耦合剂	kg	0.0624	0.0937	0.1104	0.0444
	14390101 氧气	m³	0.2877	0.7293	0.9568	0.5633
	14390302 乙炔气	kg	0.4949	0.6128	0.7599	0.5759
	14390501 氮气	m³	0.2121	0.8835	1.7319	0.8835
	14390701 氩气	m³	0.0395	0.0690	0.0973	
	14414001 热熔胶	kg	0.0980	0.1044	0.1104	0.0577
	16110212 X光透视用铅板 80×300	块	0.0401	0.0534	0.0801	0.0253
	16110312 X光软胶片 80×300	张	1.2648	1.6864	2.5296	0.8000
	16110711 增感纸 80×300	张	0.0527	0.0703	0.1054	0.0333
	17010871 钢管 D325×8	m	1.0200			

(续表)

	定 额 编 号		G-2-2-9	G-2-2-10	G-2-2-11	G-2-2-12
			\multicolumn{3}{c	}{钢管安装（氩电联焊）}	钢管安装（下向焊）
	项 目		公称直径 300 mm 以内	公称直径 500 mm 以内	公称直径 700 mm 以内	公称直径 500 mm 以内
	名 称	单位	m	m	m	m
材料	17010875 钢管 D508×12.7	m				1.0200
	17010877 钢管 D529×10	m		1.0200		
	17010879 钢管 D720×10	m			1.0200	
	17030122 镀锌焊接钢管 DN20	m				0.0021
	17030123 镀锌焊接钢管 DN25	m				0.0045
	17070279 无缝钢管 D57×4	m	0.0040	0.0040	0.0040	0.0040
	18034712 镀锌钢管接头 DN20	个				0.0060
	18034713 镀锌钢管接头 DN25	个				0.0075
	18151612 镀锌管堵 DN20	个				0.0100
	18293037 热收缩套 DN300	个	0.1845			
	18293039 热收缩套 DN500	个		0.1848		0.0875
	18293041 热收缩套 DN700	个			0.1845	
	19010013 螺纹阀门 DN20	只				0.0010
	19010014 螺纹阀门 DN25	只				0.0012
	19010017 螺纹阀门 DN50	只	0.0040	0.0040	0.0040	0.0040
	20010211 平焊钢法兰 DN50	片	0.0160	0.0160	0.0160	0.0160
	20010216 平焊钢法兰 DN300	片	0.0180			
	20010218 平焊钢法兰 DN500	片		0.0180		
	20010220 平焊钢法兰 DN700	片			0.0180	
	20210521 钢制法兰盖 DN300	片	0.0220			
	20210523 钢制法兰盖 DN500	片		0.0187		
	20210525 钢制法兰盖 DN700	片			0.0154	
	20330327 聚四氟乙烯垫片 DN300	片	0.0320			
	20330331 聚四氟乙烯垫片 DN500	片		0.0286		
	20330333 聚四氟乙烯垫片 DN700	片			0.0252	
	24110112 压力表 0～2.5 MPa	套	0.0004	0.0004	0.0004	0.0004
	27170510 自粘性橡胶绝缘胶带	m	0.6429	0.8573	1.2859	0.4067
	28431001 探头线	根	0.0002	0.0002	0.0003	0.0001

(续表)

	定额编号		G-2-2-9	G-2-2-10	G-2-2-11	G-2-2-12
				钢管安装（氩电联焊）		钢管安装（下向焊）
	项 目		公称直径 300 mm 以内	公称直径 500 mm 以内	公称直径 700 mm 以内	公称直径 500 mm 以内
	名 称	单位	m	m	m	m
材料	34110101	水	m³				0.3060
	34110801	天然气	m³	0.2121	0.8835	1.7319	0.8835
	34130483	警示板	m	1.0100	1.0100	1.0100	1.0100
	35060411	清通器 DN300	只	0.0004			
	35060421	清通器 DN500	只		0.0004		0.0004
	35060431	清通器 DN800	只			0.0004	
机械	98430432	红外线测温仪(SMART)	台班	0.0053	0.0053	0.0053	0.0025
	98530470	火花检测仪	台班	0.0104	0.0163	0.0269	0.0080
	99070500	载重汽车 2.5 t	台班	0.0051	0.0083	0.0113	0.0080
	99070550	载重汽车 8 t	台班	0.0044	0.0080	0.0075	
	99070560	载重汽车 10 t	台班	0.0040	0.0040	0.0040	0.0040
	99090350	汽车式起重机 5 t	台班	0.0088	0.0100	0.0127	
	99090390	汽车式起重机 12 t	台班	0.0040	0.0040	0.0040	
	99090400	汽车式起重机 16 t	台班				0.0166
	99110022	工程修理车 4 t	台班	0.0670	0.1111	0.1523	0.0571
	99191230	手提砂轮机 φ150	台班	0.0051	0.0083	0.0113	0.0083
	99191250	台式砂轮机	台班				0.0146
	99230180	砂轮切割机 φ500	台班	0.0037	0.0063	0.0088	
	99250010	交流弧焊机 21 kV·A	台班	0.0767	0.1442	0.1958	0.0642
	99250440	氩弧焊机 500 A	台班	0.0083	0.0127	0.0169	
	99270060	电焊条烘干箱 600×500×750	台班	0.0033	0.0063	0.0086	
	99290010	X光胶片脱水烘干机 ZTH-340	台班	0.0093	0.0124	0.0186	0.0059
	99290020	超声波探伤机 CTS-22	台班	0.0143	0.0185	0.0217	0.0087
	99290050	X光探伤机 2005	台班	0.1333	0.1778	0.2667	0.0844
	99430290	内燃空气压缩机 6 m³/min	台班	0.0058	0.0052	0.0060	0.0038
	99430320	内燃空气压缩机 17 m³/min	台班	0.0030	0.0072	0.0030	
	99440010	电动单级离心清水泵 φ50	台班	0.0091	0.0105	0.0141	0.0050
	99440320	潜水泵 φ50	台班	0.0162	0.0276	0.0389	0.0276
	99440500	试压泵 80 MPa	台班				0.0030

第二章 管道及附件安装工程

工作内容：1. 管道安装排水，警示板铺设，钢管及专用附件安装，防腐，无损探伤，气压试验，气密性试验，管道吹扫，管道清通，气体置换。
2，3，4. 管道安装排水，警示带敷设，示踪线敷设，聚乙烯管及专用附件安装，气压试验，气密性试验，管道吹扫，气体置换。

定 额 编 号			G-2-2-13	G-2-2-14	G-2-2-15	G-2-2-16
项 目			钢管安装（下向焊）	聚乙烯管安装		
			公称直径 800 mm 以内	管外径 110 mm 以内	管外径 160 mm 以内	管外径 200 mm 以内
			m	m	m	m
预算定额编号	预算定额名称	预算定额单位	数 量			
06-2-1-28	钢管安装（下向焊）D813×15.9 mm	m	1.0000			
06-2-1-29	聚乙烯燃气管安装（热熔）管外径 110 mm 以内	m		1.0000		
06-2-1-30	聚乙烯燃气管安装（热熔）管外径 160 mm 以内	m			1.0000	
06-2-1-31	聚乙烯燃气管安装（热熔）管外径 200 mm 以内	m				1.0000
06-2-7-1	管道除锈	m²	0.2580			
06-2-7-14	管道外防腐及补伤 管道补伤三层聚乙烯外防腐普通级	m²	0.0520			
06-2-7-28	接口外防腐 热收缩套 DN800 普通级	个	0.0830			
06-2-7-45	管道焊缝超声波探伤 800 mm 以内	一个口	0.0830			
06-2-7-46	管道焊缝 X 射线摄影 80×300 mm 管壁厚 16 mm 以内	张	1.0000			
06-2-8-13	水压试验 公称直径 800 mm 以内	m	1.0000			
06-2-8-15	气密性试验 公称直径 100 mm 以内	m		1.0000		
06-2-8-16	气密性试验 公称直径 150 mm 以内	m			1.0000	
06-2-8-17	气密性试验 公称直径 200 mm 以内	m				1.0000
06-2-8-2	气压试验 公称直径 100 mm 以内	m		1.0000		
06-2-8-21	气密性试验 公称直径 800 mm 以内	m	1.0000			
06-2-8-24	管道吹扫 公称直径 100 mm 以内	m		2.0000		

(续表)

定额编号			G-2-2-13	G-2-2-14	G-2-2-15	G-2-2-16
项 目			钢管安装（下向焊）	聚乙烯管安装		
			公称直径 800 mm 以内	管外径 110 mm 以内	管外径 160 mm 以内	管外径 200 mm 以内
			m	m	m	m
预算定额编号	预算定额名称	预算定额单位	数 量			
06-2-8-25	管道吹扫 公称直径 150 mm 以内	m			2.0000	
06-2-8-26	管道吹扫 公称直径 200 mm 以内	m				2.0000
06-2-8-3	气压试验 公称直径 150 mm 以内	m			1.0000	
06-2-8-30	管道吹扫 公称直径 800 mm 以内	m	2.0000			
06-2-8-35	管道清通清管器 公称直径 800 mm 以内	m	2.0000			
06-2-8-37【系】【换】	管道置换（各类气体）公称直径 100 mm 以内	m		2.0000		
06-2-8-38【系】【换】	管道置换（各类气体）公称直径 150 mm 以内	m			2.0000	
06-2-8-39【系】【换】	管道置换（各类气体）公称直径 200 mm 以内	m				2.0000
06-2-8-4	气压试验 公称直径 200 mm 以内	m				1.0000
06-2-8-43【系】【换】	管道置换（各类气体）公称直径 800 mm 以内	m	2.0000			
06-2-9-10	示踪线安装	m		1.0000	1.0000	1.0000
06-2-9-11	警示带安装	m		1.0000	1.0000	1.0000
06-2-9-12	警示板安装	m	1.0000			
06-6-6-2	管道安装工程排水 公称直径 100 mm 以内	m		1.0000		
06-6-6-3	管道安装工程排水 公称直径 150 mm 以内	m			1.0000	
06-6-6-4	管道安装工程排水 公称直径 200 mm 以内	m				1.0000
06-6-6-8	管道安装工程排水 公称直径 800 mm 以内	m	1.0000			

(续表)

工作内容: 1. 管道安装排水,警示板铺设,钢管及专用附件安装,防腐,无损探伤,气压试验,气密性试验,管道吹扫,管道清通,气体置换。
2,3,4. 管道安装排水,警示带敷设,示踪线敷设,聚乙烯管及专用附件安装,气压试验,气密性试验,管道吹扫,气体置换。

	定 额 编 号		G-2-2-13	G-2-2-14	G-2-2-15	G-2-2-16
			钢管安装 (下向焊)	聚乙烯管安装		
	项 目		公称直径 800 mm 以内	管外径 110 mm 以内	管外径 160 mm 以内	管外径 200 mm 以内
	名 称	单位	m	m	m	m
人工	00150101 综合人工	工日	2.0744	0.1697	0.1976	0.2345
材料	01290102 热轧钢板 综合	kg	1.2740	0.2460	0.2610	0.2760
	02010183 橡胶板(中压)δ0.8～6	kg	0.0840	0.0106	0.0150	0.0198
	02131161 热收缩缠绕带 300×1.4	m²	0.0324			
	02194101 补伤片 300×300	m²	0.0052			
	03014283 镀锌六角螺栓连母垫 M16	套		0.1830		
	03014285 镀锌六角螺栓连母垫 M20	套			0.2440	0.2928
	03014289 镀锌六角螺栓连母垫 M30	套	1.6284			
	03110212 尼龙砂轮片 φ100	片	0.0258			
	03110213 尼龙砂轮片 φ150	片	0.5500			
	03110262 钢丝砂轮片 φ150	片	0.1429			
	03110272 钢丝砂轮球 φ150	只	0.0515			
	03130123 电焊条 J507	kg	0.0246	0.0120	0.0120	0.0120
	03130129 电焊条 E6010	kg	1.2000			
	14030401 柴油	kg	0.7220			
	14070101 机油	kg	0.0105			
	14310731 硫代硫酸钠	g	20.7000			
	14351801 耦合剂	kg	0.0559			
	14390101 氧气	m³	0.9503	0.0148	0.0198	0.0234
	14390302 乙炔气	kg	0.8831	0.0050	0.0066	0.0078
	14390501 氮气	m³	2.2620	0.0354	0.0795	0.1413
	14414001 热熔胶	kg		0.0675		
	16110212 X光透视用铅板 80×300	块	0.0380			
	16110312 X光软胶片 80×300	张	1.2000			
	16110711 增感纸 80×300	张	0.0500			
	17010885 钢管 D813×15.9	m	1.0200			
	17030122 镀锌焊接钢管 DN20	m	0.0021			
	17030125 镀锌焊接钢管 DN40	m	0.0045			
	17070279 无缝钢管 D57×4	m	0.0040			
	17250859 聚乙烯管(PE) dn110	m		1.0600		
	17250860 聚乙烯管(PE) dn160	m			1.0600	
	17250861 聚乙烯管(PE) dn200	m				1.0600
	18034715 镀锌钢管接头 DN40	个	0.0090			
	18151612 镀锌管堵 DN20	个	0.0100			

(续表)

	定额编号			G-2-2-13	G-2-2-14	G-2-2-15	G-2-2-16
	项目			钢管安装（下向焊）	聚乙烯管安装		
				公称直径 800 mm 以内	管外径 110 mm 以内	管外径 160 mm 以内	管外径 200 mm 以内
	名 称		单位	m	m	m	m
材料	18293043	热收缩套 DN800	个	0.0875			
	19010013	螺纹阀门 DN20	只	0.0010			
	19010016	螺纹阀门 DN40	只	0.0012			
	19010017	螺纹阀门 DN50	只	0.0040			
	20010211	平焊钢法兰 DN50	片	0.0160			
	24110112	压力表 0～2.5 MPa	套	0.0004			
	27170510	自粘性橡胶绝缘胶带	m	0.6100			
	28431001	探头线	根	0.0001			
	34110101	水	m³	0.7536			
	34110801	天然气	m³	2.2620	0.0354	0.0795	0.1413
	34130481	警示带	m		1.0500	1.0500	1.0500
	34130483	警示板	m	1.0100			
	34130491	示踪线	m		1.0500	1.0500	1.0500
	35060431	清通器 DN800	只	0.0004			
机械	98430432	红外线测温仪（SMART）	台班	0.0025			
	98530470	火花检测仪	台班	0.0129			
	99070500	载重汽车 2.5 t	台班	0.0130			
	99070520	载重汽车 4 t	台班		0.0008	0.0012	0.0015
	99070560	载重汽车 10 t	台班	0.0040			
	99090350	汽车式起重机 5 t	台班		0.0019	0.0027	0.0034
	99090390	汽车式起重机 12 t	台班	0.0040			
	99090400	汽车式起重机 16 t	台班	0.0264			
	99110022	工程修理车 4 t	台班	0.0875			0.0050
	99191230	手提砂轮机 φ150	台班	0.0129			
	99191250	台式砂轮机	台班	0.0333			
	99250010	交流弧焊机 21 kV·A	台班	0.1409	0.0042	0.0042	0.0042
	99250310	全自动热熔焊接机 SH-110C	台班		0.0094		
	99250353	全自动热熔焊接机 SHD-160C	台班			0.0139	
	99250355	全自动热熔焊接机 SHD-250C	台班				0.0167
	99290010	X光胶片脱水烘干机 ZTH-340	台班	0.0088			
	99290020	超声波探伤机 CTS-22	台班	0.0110			
	99290050	X光探伤机 2005	台班	0.1265			
	99430290	内燃空气压缩机 6 m³/min	台班	0.0047	0.0038	0.0042	0.0042
	99430320	内燃空气压缩机 17 m³/min	台班	0.0072			
	99440010	电动单级离心清水泵 φ50	台班	0.0077			
	99440320	潜水泵 φ50	台班	0.0561	0.0076	0.0086	0.0143
	99440500	试压泵 80 MPa	台班	0.0030			

工作内容: 1,2,3. 管道安装排水,警示带敷设,示踪线敷设,聚乙烯管及专用附件安装,气压试验,气密性试验,管道吹扫,气体置换。
4. 引入管安装,挠性补偿器安装,气压试验,气密性试验,气体置换。

定额编号			G-2-2-17	G-2-2-18	G-2-2-19	G-2-2-20
项 目			聚乙烯管安装			燃气引入管安装(绝缘镀锌钢管)
			管外径 250 mm 以内	管外径 315 mm 以内	管外径 400 mm 以内	管外径 50 mm 以内
			m	m	m	根
预算定额编号	预算定额名称	预算定额单位	数 量			
06-2-1-32	聚乙烯燃气管安装(热熔) 管外径 250 mm 以内	m	1.0000			
06-2-1-33	聚乙烯燃气管安装(热熔) 管外径 315 mm 以内	m		1.0000		
06-2-1-34	聚乙烯燃气管安装(热熔) 管外径 400 mm 以内	m			1.0000	
06-2-1-37	燃气引入管安装(绝缘镀锌钢管) 50 mm 以内	根				1.0000
06-2-8-1	气压试验 公称直径 50 mm 以内	m				5.5000
06-2-8-14	气密性试验 公称直径 50 mm 以内	m				5.5000
06-2-8-18	气密性试验 公称直径 300 mm 以内	m	1.0000	1.0000		
06-2-8-19	气密性试验 公称直径 500 mm 以内	m			1.0000	
06-2-8-27	管道吹扫 公称直径 300 mm 以内	m	2.0000	2.0000		
06-2-8-28	管道吹扫 公称直径 500 mm 以内	m			2.0000	
06-2-8-36【系】【换】	管道置换(各类气体) 公称直径 50 mm 以内	m				11.0000
06-2-8-40【系】【换】	管道置换(各类气体) 公称直径 300 mm 以内	m	2.0000	2.0000		
06-2-8-41【系】【换】	管道置换(各类气体) 公称直径 500 mm 以内	m			2.0000	
06-2-8-5	气压试验 公称直径 300 mm 以内	m	1.0000	1.0000		
06-2-8-6	气压试验 公称直径 500 mm 以内	m			1.0000	
06-2-9-10	示踪线安装	m	1.0000	1.0000	1.0000	
06-2-9-11	警示带安装	m	1.0000	1.0000	1.0000	
06-5-2-51	室外立管连接(挠性补偿器) 公称直径 50 mm 以内	处				1.0000
06-6-6-5	管道安装工程排水 公称直径 300 mm 以内	m	1.0000	1.0000		
06-6-6-6	管道安装工程排水 公称直径 500 mm 以内	m			1.0000	

工作内容：1，2，3. 管道安装排水，警示带敷设，示踪线敷设，聚乙烯管及专用附件安装，气压试验，气密性试验，管道吹扫，气体置换。
4. 引入管安装，挠性补偿器安装，气压试验，气密性试验，气体置换。

	定额编号		G-2-2-17	G-2-2-18	G-2-2-19	G-2-2-20
	项 目		聚乙烯管安装			燃气引入管安装(绝缘镀锌钢管)
			管外径 250 mm 以内	管外径 315 mm 以内	管外径 400 mm 以内	管外径 50 mm 以内
	名 称	单位	m	m	m	根
人工	00150101 综合人工	工日	0.2763	0.3117	0.3896	2.9184
材料	01290102 热轧钢板 综合	kg	0.3060	0.3060	0.3780	0.8140
	02010183 橡胶板(中压) δ0.8～6	kg	0.0240	0.0240	0.0498	0.0156
	02130312 聚四氟乙烯带(生料带) 宽度25	m				11.3472
	03014283 镀锌六角螺栓连母垫 M16	套				0.3960
	03014285 镀锌六角螺栓连母垫 M20	套	0.4636	0.4636		
	03014286 镀锌六角螺栓连母垫 M22	套			1.3542	
	03130123 电焊条 J507	kg	0.0120	0.0120	0.0120	0.0440
	14390101 氧气	m³	0.0234	0.0234	0.0390	0.0288
	14390302 乙炔气	kg	0.0078	0.2121	0.0132	0.0088
	14390501 氮气	m³	0.2121	0.0078	0.8835	0.0479
	17030416 绝缘镀锌焊接钢管 DN50	m				5.5000
	17250863 聚乙烯管(PE) dn250	m	1.0600			
	17250865 聚乙烯管(PE) dn315	m		1.0600		
	17250866 聚乙烯管(PE) dn400	m			1.0600	
	18012013 单承柔性套筒 DN50	只				1.0100
	18012153 双承柔性套筒 DN50	只				1.0200
	18035920 镀锌弯头 DN50	个				3.0600
	18037516 镀锌双外螺丝 DN50	个				7.1400
	18211413 补偿式弯管 DN50	只				1.0100
	18211619 挠性补偿器 DN50	只				1.0600
	18293401 隔离套管	个				1.0100
	34110801 天然气	m³	0.2121	0.2121	0.8835	0.0479
	34130481 警示带	m	1.0500	1.0500	1.0500	
	34130491 示踪线	m	1.0500	1.0500	1.0500	
机械	99070520 载重汽车 4 t	台班	0.0019			
	99070550 载重汽车 8 t	台班		0.0031	0.0040	
	99090350 汽车式起重机 5 t	台班	0.0042	0.0071	0.0089	
	99110022 工程修理车 4 t	台班	0.0060	0.0060	0.0090	
	99190760 聚乙烯专用断管机	台班	0.0010	0.0010	0.0010	
	99250010 交流弧焊机 21 kV·A	台班	0.0042	0.0042	0.0042	0.0121
	99250355 全自动热熔焊接机 SHD-250C	台班	0.0189			
	99250360 全自动热熔焊接机 SHD-400C	台班		0.0250	0.0267	
	99430290 内燃空气压缩机 6 m³/min	台班	0.0046	0.0046	0.0052	0.0100
	99440320 潜水泵 φ50	台班	0.0162	0.0162	0.0276	

工作内容: 引入管安装,挠性补偿器安装,气压试验,气密性试验,气体置换。

定 额 编 号			G-2-2-21
项 目			燃气引入管安装(聚乙烯管三通连接)
			管外径 63 mm 以内
			根
预算定额编号	预算定额名称	预算定额单位	数 量
06-2-1-43【换】	燃气引入管安装(聚乙烯管异型三通连接) 管外径 63 mm 以内	根	1.0000
06-2-8-1	气压试验 公称直径 50 mm 以内	m	5.7400
06-2-8-14	气密性试验 公称直径 50 mm 以内	m	5.7400
06-2-8-36【系】【换】	管道置换(各类气体) 公称直径 50 mm 以内	m	11.4800
06-5-2-51	室外立管连接(挠性补偿器) 公称直径 50 mm 以内	处	1.0000

工作内容: 引入管安装,挠性补偿器安装,气压试验,气密性试验,气体置换。

定 额 编 号			G-2-2-21
项 目			燃气引入管安装(聚乙烯管三通连接)
			管外径 63 mm 以内
			根
	名 称	单位	数量
人工	00150101 综合人工	工日	3.1363
材料	01290102 热轧钢板 综合	kg	0.8495
	02010183 橡胶板(中压) δ0.8~6	kg	0.0161
	02130312 聚四氟乙烯带(生料带) 宽度 25	m	7.5072
	03014283 镀锌六角螺栓连母垫 M16	套	0.4133
	03130123 电焊条 J507	kg	0.0459
	14390101 氧气	m³	0.0298
	14390302 乙炔气	kg	0.0092
	14390501 氮气	m³	0.0499
	14431301 聚氯乙烯橡胶带 40×10 m	卷	3.5000
	17030126 镀锌焊接钢管 DN50	m	1.5000
	17250833 燃气用 PE 管管(PE) dn63	m	4.2400
	18035920 镀锌弯头 DN50	个	3.0600
	18037516 镀锌双外螺丝 DN50	个	5.1000
	18096413 聚乙烯(PE)电熔弯头 dn63×90°	只	1.0100
	18096834 聚乙烯套筒(PE、电熔) dn63	个	1.0100
	18111538 钢塑电熔转换接头(PE) dn63×50	个	1.0100
	18211619 挠性补偿器 DN50	只	1.0600
	18293401 隔离套管	个	1.0100
	34110801 天然气	m³	0.0499
机械	99250010 交流弧焊机 21 kV·A	台班	0.0126
	99250422 全自动电熔焊机 HWD-350	台班	0.0500
	99430290 内燃空气压缩机 6 m³/min	台班	0.0104

第三节 管件安装工程

说　　明

1. 本节定额包括铸铁管件安装、钢制管件安装（氩电联焊）、钢制管件安装（下向焊）和聚乙烯燃气管件安装。
2. 本节定额均已综合考虑了不同口数管件的安装。
3. 本节定额的管件安装均包含管件外防腐和无损探伤。

工程量计算规则

管件安装以"个"为计量单位。

工作内容: 场内搬运,管件安装。

定额编号			G-2-3-1	G-2-3-2	G-2-3-3	G-2-3-4
项 目			铸铁管件安装			
			公称直径 100 mm 以内	公称直径 150 mm 以内	公称直径 200 mm 以内	公称直径 300 mm 以内
			个	个	个	个
预算定额编号	预算定额名称	预算定额单位	数 量			
06-2-2-1	铸铁管件(管堵)安装(机械接口)公称直径100 mm以内	个	0.2700			
06-2-2-10	铸铁管件(弯头)安装(机械接口)公称直径300 mm以内	个				0.5300
06-2-2-13	铸铁管件(三通)安装(机械接口)公称直径100 mm以内	个	0.2300			
06-2-2-14	铸铁管件(三通)安装(机械接口)公称直径150 mm以内	个		0.2100		
06-2-2-15	铸铁管件(三通)安装(机械接口)公称直径200 mm以内	个			0.1900	
06-2-2-16	铸铁管件(三通)安装(机械接口)公称直径300 mm以内	个				0.1600
06-2-2-2	铸铁管件(管堵)安装(机械接口)公称直径150 mm以内	个		0.2800		
06-2-2-3	铸铁管件(管堵)安装(机械接口)公称直径200 mm以内	个			0.2900	
06-2-2-4	铸铁管件(管堵)安装(机械接口)公称直径300 mm以内	个				0.3100
06-2-2-7	铸铁管件(弯头)安装(机械接口)公称直径100 mm以内	个	0.5000			
06-2-2-8	铸铁管件(弯头)安装(机械接口)公称直径150 mm以内	个		0.5100		
06-2-2-9	铸铁管件(弯头)安装(机械接口)公称直径200 mm以内	个			0.5200	

工作内容：场内搬运，管件安装。

定额编号			G-2-3-1	G-2-3-2	G-2-3-3	G-2-3-4
项目			铸铁管件安装			
			公称直径 100 mm 以内	公称直径 150 mm 以内	公称直径 200 mm 以内	公称直径 300 mm 以内
名称		单位	个	个	个	个
人工	00150101	综合人工	工日	0.4541	0.6069	0.6864	0.8347
材料	14090401	钙基润滑脂	kg	0.0473	0.0579	0.1024	0.1462
	18012711	机械式铸铁弯头 DN100	只	0.5000			
	18012712	机械式铸铁弯头 DN150	只		0.5100		
	18012713	机械式铸铁弯头 DN200	只			0.5200	
	18012714	机械式铸铁弯头 DN300	只				0.5300
	18012811	机械式铸铁三通 DN100	只	0.2300			
	18012812	机械式铸铁三通 DN150	只		0.2100		
	18012813	机械式铸铁三通 DN200	只			0.1900	
	18012814	机械式铸铁三通 DN300	只				0.1600
	18012911	机械式铸铁管接口附件 DN100	套	2.0188			
	18012912	机械式铸铁管接口附件 DN150	套		1.9879		
	18012913	机械式铸铁管接口附件 DN200	套			1.9570	
	18012914	机械式铸铁管接口附件 DN300	套				1.9055
	18013551	机械式铸铁管堵 DN100	只	0.2700			
	18013553	机械式铸铁管堵 DN150	只		0.2800		
	18013555	机械式铸铁管堵 DN200	只			0.2900	
	18013557	机械式铸铁管堵 DN300	只				0.3100
机械	99090350	汽车式起重机 5 t	台班				0.0197

工作内容:1. 场内搬运,管件安装。
2,3,4. 场内搬运,管件安装,防腐,无损探伤。

定 额 编 号			G-2-3-5	G-2-3-6	G-2-3-7	G-2-3-8
项 目			铸铁管件安装	钢制管件安装(氩电联焊)		
			公称直径 500 mm 以内	公称直径 100 mm 以内	公称直径 150 mm 以内	公称直径 200 mm 以内
			个	个	个	个
预算定额编号	预算定额名称	预算定额单位	数 量			
06-2-2-11	铸铁管件(弯头)安装(机械接口)公称直径 500 mm 以内	个	0.6000			
06-2-2-17	铸铁管件(三通)安装(机械接口)公称直径 500 mm 以内	个	0.1200			
06-2-2-19	钢制管件(弯头)安装(氩电联焊)公称直径 100 mm 以内	个		0.9200		
06-2-2-20	钢制管件(弯头)安装(氩电联焊)公称直径 150 mm 以内 管壁厚 16 mm 以内	个			0.8900	
06-2-2-21	钢制管件(弯头)安装(氩电联焊)公称直径 200 mm 以内	个				0.8800
06-2-2-30	钢制管件(三通)安装(氩电联焊)公称直径 100 mm 以内	个		0.0800		
06-2-2-31	钢制管件(三通)安装(氩电联焊)公称直径 150 mm 以内	个			0.1100	
06-2-2-32	钢制管件(三通)安装(氩电联焊)公称直径 200 mm 以内	个				0.1200
06-2-2-5	铸铁管件(管堵)安装(机械接口)公称直径 500 mm 以内	个	0.2800			
06-2-7-16	接口外防腐 热收缩套 DN100 普通级	个		2.0800		
06-2-7-18	接口外防腐 热收缩套 DN150 普通级	个			2.1100	
06-2-7-20	接口外防腐 热收缩套 DN200 普通级	个				2.1200
06-2-7-41	管道焊缝超声波探伤 200 mm 以内	一个口				2.1200
06-2-7-46	管道焊缝 X 射线摄影 80×300 mm 管壁厚 16 mm 以内	张				8.4800
06-2-7-48	管道焊缝 X 射线摄影 80×150 mm 管壁厚 16 mm 以内	张		12.4800	12.6600	

工作内容：1. 场内搬运，管件安装。
2，3，4. 场内搬运，管件安装，防腐，无损探伤。

定额编号			G-2-3-5	G-2-3-6	G-2-3-7	G-2-3-8
项目			铸铁管件安装	钢制管件安装（氩电联焊）		
			公称直径 500 mm 以内	公称直径 100 mm 以内	公称直径 150 mm 以内	公称直径 200 mm 以内
名 称		单位	个	个	个	个
人工	00150101	综合人工	工日	1.8936	4.7678	4.9917	4.5400
材料	01290102	热轧钢板 综合	kg		0.1036	0.1469	0.2213
	01610106	铈钨棒	g		0.6150	0.7578	1.2513
	03110212	尼龙砂轮片 φ100	片		0.0426	0.0894	0.1221
	03110262	钢丝砂轮片 φ150	片		1.6640	2.1100	2.5440
	03130123	电焊条 J507	kg		0.6067	0.9217	1.9843
	03130927	碳钢氩弧焊丝（H08MnR）φ3	kg		0.1098	0.1889	0.2234
	14070101	机油	kg				0.0691
	14090401	钙基润滑脂	kg	0.3504			
	14310731	硫代硫酸钠	g		180.8352	183.4434	175.5360
	14351801	耦合剂	kg				0.4314
	14390101	氧气	m³		0.7672	1.2018	1.6369
	14390302	乙炔气	kg		1.0858	1.7585	1.8573
	14390701	氩气	m³		0.3075	0.5289	0.6257
	14414001	热熔胶	kg		1.0400	1.0550	1.0600
	16110211	X光透视用铅板 80×150	块		0.4742	0.4811	
	16110212	X光透视用铅板 80×300	块				0.3222
	16110311	X光软胶片 80×150	张		14.9760	15.1920	
	16110312	X光软胶片 80×300	张				10.1760
	16110710	增感纸 80×150	张		0.6240	0.6330	
	16110711	增感纸 80×300	张				0.4240
	18012716	机械式铸铁弯头 DN500	只	0.6000			
	18012816	机械式铸铁三通 DN500	只	0.1200			
	18012916	机械式铸铁管接口附件 DN500	套	1.8952			

(续表)

	定额编号		G-2-3-5	G-2-3-6	G-2-3-7	G-2-3-8
			铸铁管件安装	钢制管件安装（氩电联焊）		
	项 目		公称直径 500 mm 以内	公称直径 100 mm 以内	公称直径 150 mm 以内	公称直径 200 mm 以内
	名 称	单位	个	个	个	个
材料	18013559 机械式铸铁管堵 DN500	只	0.2800			
	18030320 钢制弯头 DN100	只		0.9200		
	18030321 钢制弯头 DN150	只			0.8900	
	18030322 钢制弯头 DN200	只				0.8800
	18030421 钢制三通 DN100	个		0.0800		
	18030422 钢制三通 DN150	个			0.1100	
	18030423 钢制三通 DN200	个				0.1200
	18293031 热收缩套 DN100	个		2.1840		
	18293033 热收缩套 DN150	个			2.2155	
	18293035 热收缩套 DN200	个				2.2260
	27170510 自粘性橡胶绝缘胶带	m		8.6112	8.7354	5.1728
	28431001 探头线	根				0.0017
机械	98430432 红外线测温仪(SMART)	台班		0.0624	0.0633	0.0636
	99070520 载重汽车 4 t	台班		0.0028	0.0029	0.0054
	99090350 汽车式起重机 5 t	台班	0.0286	0.0325	0.0326	0.0435
	99110022 工程修理车 4 t	台班		0.2496	0.3667	0.5088
	99250010 交流弧焊机 21 kV·A	台班		0.2383	0.3516	0.7511
	99250440 氩弧焊机 500 A	台班		0.0580	0.0777	0.0995
	99270060 电焊条烘干箱 600×500×750	台班		0.0104	0.0157	0.0337
	99290010 X光胶片脱水烘干机 ZTH-340	台班		0.0874	0.0886	0.0746
	99290020 超声波探伤机 CTS-22	台班				0.1119
	99290050 X光探伤机 2005	台班		1.2630	1.2812	1.0727
	99440010 电动单级离心清水泵 φ50	台班			0.0738	0.0912

工作内容：场内搬运，管件安装，防腐，无损探伤。

定额编号			G-2-3-9	G-2-3-10	G-2-3-11	G-2-3-12
项 目			钢制管件安装（氩电联焊）			钢制管件安装（下向焊）
			公称直径 300 mm 以内	公称直径 500 mm 以内	公称直径 700 mm 以内	公称直径 500 mm 以内
			个	个	个	个
预算定额编号	预算定额名称	预算定额单位	数 量			
06-2-2-22	钢制管件（弯头）安装（氩电联焊）公称直径 300 mm 以内	个	0.8700			
06-2-2-23	钢制管件（弯头）安装（氩电联焊）公称直径 500 mm 以内	个		0.8600		
06-2-2-24	钢制管件（弯头）安装（氩电联焊）公称直径 700 mm 以内	个			0.8600	
06-2-2-26	钢制管件（弯头）安装（下向焊）D508×12.7 mm	个				0.8000
06-2-2-33	钢制管件（三通）安装（氩电联焊）公称直径 300 mm 以内	个	0.1300			
06-2-2-34	钢制管件（三通）安装（氩电联焊）公称直径 500 mm 以内	个		0.1400		
06-2-2-35	钢制管件（三通）安装（氩电联焊）公称直径 700 mm 以内	个			0.1400	
06-2-2-37	钢制管件（三通）安装（下向焊）D508×12.7 mm	个				0.2000
06-2-7-22	接口外防腐 热收缩套 DN300 普通级	个	2.1300			
06-2-7-24	接口外防腐 热收缩套 DN500 普通级	个		2.1400		
06-2-7-25	接口外防腐 热收缩套 DN500 加强级	个				2.2000
06-2-7-26	接口外防腐 热收缩套 DN700 普通级	个			2.1400	
06-2-7-42	管道焊缝超声波探伤 300 mm 以内	一个口	2.1300			
06-2-7-43	管道焊缝超声波探伤 500 mm 以内	一个口		2.1400		2.2000
06-2-7-44	管道焊缝超声波探伤 700 mm 以内	一个口			2.1400	
06-2-7-46	管道焊缝 X 射线摄影 80×300 mm 管壁厚 16 mm 以内	张	12.7800	17.1200	25.6800	17.6000

工作内容：场内搬运，管件安装，防腐，无损探伤。

定额编号				G-2-3-9	G-2-3-10	G-2-3-11	G-2-3-12
项目				钢制管件安装（氩电联焊）			钢制管件安装（下向焊）
				公称直径 300 mm 以内	公称直径 500 mm 以内	公称直径 700 mm 以内	公称直径 500 mm 以内
	名 称		单位	个	个	个	个
人工	00150101	综合人工	工日	6.4711	8.9931	12.2841	10.0063
材料	01290102	热轧钢板 综合	kg	0.3175	0.4039	0.4039	
	01610106	铈钨棒	g	1.3373	2.3573	3.3098	
	03110212	尼龙砂轮片 ϕ100	片	0.1761	0.4076	0.5809	
	03110213	尼龙砂轮片 ϕ150	片				4.1400
	03110262	钢丝砂轮片 ϕ150	片	3.1950	3.2100	3.2100	2.6400
	03130123	电焊条 J507	kg	2.9939	5.9390	8.1245	
	03130129	电焊条 E6010	kg				6.1267
	03130927	碳钢氩弧焊丝（H08MnR）ϕ3	kg	0.2388	0.4209	0.5910	
	13054111	环氧底漆（A+B）	组				2.7500
	14070101	机油	kg	0.1387	0.2149	0.2523	0.2209
	14310731	硫代硫酸钠	g	264.5460	354.3840	531.5760	364.3200
	14351801	耦合剂	kg	0.7566	1.1396	1.3446	1.1715
	14390101	氧气	m³	2.3188	6.9738	8.9884	6.8448
	14390302	乙炔气	kg	2.394	2.734	3.8022	3.0484
	14390701	氩气	m³	0.6686	1.1787	1.6549	
	14414001	热熔胶	kg	1.0650	1.0700	1.0700	1.1000
	16110212	X光透视用铅板 80×300	块	0.4856	0.6506	0.9758	0.6688
	16110312	X光软胶片 80×300	张	15.3360	20.5440	30.8160	21.1200
	16110711	增感纸 80×300	张	0.6390	0.8560	1.2840	0.8800
	18030323	钢制弯头 DN300	只	0.8700			
	18030325	钢制弯头 DN500	只		0.8600		0.8000
	18030327	钢制弯头 DN700	只			0.8600	
	18030425	钢制三通 DN300	个	0.1300			

(续表)

定额编号				G-2-3-9	G-2-3-10	G-2-3-11	G-2-3-12
项目				钢制管件安装（氩电联焊）			钢制管件安装（下向焊）
				公称直径 300 mm 以内	公称直径 500 mm 以内	公称直径 700 mm 以内	公称直径 500 mm 以内
		名　称	单位	个	个	个	个
材料	18030427	钢制三通 DN500	个		0.1400		0.2000
	18030429	钢制三通 DN700	个			0.1400	
	18293037	热收缩套 DN300	个	2.2365			
	18293039	热收缩套 DN500	个		2.2470		2.3100
	18293041	热收缩套 DN700	个			2.2470	
	27170510	自粘性橡胶绝缘胶带	m	7.7958	10.4432	15.6648	10.7360
	28431001	探头线	根	0.0026	0.0028	0.0032	0.0029
机械	98430432	红外线测温仪（SMART）	台班	0.0639	0.0642	0.0642	0.0660
	99070550	载重汽车 8 t	台班	0.0054	0.0122	0.0217	
	99090350	汽车式起重机 5 t	台班	0.0436	0.0624	0.0654	
	99090360	汽车式起重机 8 t	台班			0.0214	
	99090400	汽车式起重机 16 t	台班				0.1809
	99110022	工程修理车 4 t	台班	0.7402	1.2412	1.7334	1.2760
	99191250	台式砂轮机	台班				0.2015
	99250010	交流弧焊机 21 kV·A	台班	1.1226	2.2232	3.0336	0.6369
	99250440	氩弧焊机 500 A	台班	0.1393	0.2156	0.2872	
	99270060	电焊条烘干箱 600×500×750	台班	0.102	0.1322	0.1393	
	99290010	X光胶片脱水烘干机 ZTH-340	台班	0.1125	0.1507	0.2260	0.1549
	99290020	超声波探伤机 CTS-22	台班	0.1734	0.2251	0.2643	0.2314
	99290050	X光探伤机 2005	台班	1.6167	2.1657	3.2485	2.2264
	99440010	电动单级离心清水泵 φ50	台班	0.1108	0.1284	0.1733	0.1320
	JX2030	其他机械费	%	5.0000	5.0000	5.0000	5.0000

工作内容: 1. 场内搬运,管件安装,防腐,无损探伤。
2,3,4. 场内搬运,管件安装。

定额编号			G-2-3-13	G-2-3-14	G-2-3-15	G-2-3-16
项 目			钢制管件安装(下向焊)	聚乙烯燃气管件安装		
			公称直径 800 mm 以内	管外径 110 mm 以内	管外径 160 mm 以内	管外径 200 mm 以内
			个	个	个	个
预算定额编号	预算定额名称	预算定额单位	数 量			
06-2-2-29	钢制管件(弯头)安装(下向焊) D813×15.9 mm	个	0.8000			
06-2-2-40	钢制管件(三通)安装(下向焊) D813×15.9 mm	个	0.2000			
06-2-2-47	聚乙烯燃气管件(弯头)安装(热熔)管外径 110 mm 以内	个		0.5740		
06-2-2-48	聚乙烯燃气管件(弯头)安装(热熔)管外径 160 mm 以内	个			0.4370	
06-2-2-49	聚乙烯燃气管件(弯头)安装(热熔)管外径 200 mm 以内	个				0.7610
06-2-2-53	聚乙烯燃气管件(三通)安装(热熔)管外径 110 mm 以内	个		0.2680		
06-2-2-54	聚乙烯燃气管件(三通)安装(热熔)管外径 160 mm 以内	个			0.3280	
06-2-2-55	聚乙烯燃气管件(三通)安装(热熔)管外径 200 mm 以内	个				0.1360
06-2-2-77	钢塑转换法兰安装 管外径 110 mm 以内	个		0.1580		
06-2-2-78	钢塑转换法兰安装 管外径 160 mm 以内	个			0.1090	
06-2-2-79	钢塑转换法兰安装 管外径 200 mm 以内	个				0.1030
06-2-7-29	热收缩套 DN800 加强级	个	2.2000			
06-2-7-45	管道焊缝超声波探伤 800 mm 以内	一个口	2.2000			
06-2-7-46	管道焊缝 X 射线摄影 80×300 mm 管壁厚 16 mm 以内	张	26.4000			

工作内容:1. 场内搬运,管件安装,防腐,无损探伤。
2,3,4. 场内搬运,管件安装。

定额编号			G-2-3-13	G-2-3-14	G-2-3-15	G-2-3-16
项目			钢制管件安装(下向焊)	聚乙烯燃气管件安装		
			公称直径 800 mm 以内	管外径 110 mm 以内	管外径 160 mm 以内	管外径 200 mm 以内
名称		单位	个	个	个	个
人工	00150101	综合人工	工日	16.1357	0.1927	0.2188	0.3112
材料	03014283	镀锌六角螺栓连母垫 M16	套		1.2893		
	03014285	镀锌六角螺栓连母垫 M20	套			0.8894	0.8405
	03110213	尼龙砂轮片 φ150	片	7.5900			
	03110262	钢丝砂轮片 φ150	片	3.7715			
	03130129	电焊条 E6010	kg	13.0800			
	13054111	环氧底漆(A+B)	组	5.0285			
	14070101	机油	kg	0.2765			
	14310731	硫代硫酸钠	g	546.4800			
	14351801	耦合剂	kg	1.4747			
	14390101	氧气	m³	4.1856			
	14390302	乙炔气	kg	4.3639			
	14414001	热熔胶	kg	1.1000			
	16110212	X光透视用铅板 80×300	块	1.0032			
	16110312	X光软胶片 80×300	张	31.6800			
	16110711	增感纸 80×300	张	1.3200			
	18030328	钢制弯头 DN800	只	0.8000			
	18030430	钢制三通 DN800	个	0.2000			
	18096449	聚乙烯弯头(PE、热熔) dn110	只		0.5797		
	18096450	聚乙烯弯头(PE、热熔) dn160	只			0.4414	
	18096451	聚乙烯弯头(PE、热熔) dn200	只				0.7686
	18096649	聚乙烯三通(PE、热熔) dn110	只		0.2707		
	18096650	聚乙烯三通(PE、热熔) dn160	只			0.3313	
	18096651	聚乙烯三通(PE、热熔) dn200	只				0.1374
	18293043	热收缩套 DN800	个	2.3100			

(续表)

	定额编号		G-2-3-13	G-2-3-14	G-2-3-15	G-2-3-16
			钢制管件安装（下向焊）	聚乙烯燃气管件安装		
	项 目		公称直径 800 mm 以内	管外径 110 mm 以内	管外径 160 mm 以内	管外径 200 mm 以内
	名　称	单位	个	个	个	个
材料	20090216	聚乙烯法兰(PE) dn110	片		0.1580		
	20090217	聚乙烯法兰(PE) dn160	片			0.1090	
	20090218	聚乙烯法兰(PE) dn200	片				0.1030
	20110617	聚乙烯钢制法兰 dn110	片		0.1580		
	20110619	聚乙烯钢制法兰 dn160	片			0.1090	
	20110621	聚乙烯钢制法兰 dn200	片				0.1030
	20330319	聚四氟乙烯垫片 DN100	片		0.1627		
	20330321	聚四氟乙烯垫片 DN150	片			0.1123	
	20330323	聚四氟乙烯垫片 DN200	片				0.1061
	27170510	自粘性橡胶绝缘胶带	m	16.1040			
	28431001	探头线	根	0.0035			
机械	98430432	红外线测温仪(SMART)	台班	0.0660			
	99070520	载重汽车 4 t	台班		0.0005	0.0006	0.0008
	99090400	汽车式起重机 16 t	台班	0.2878			
	99110022	工程修理车 4 t	台班	2.0460			
	99191250	台式砂轮机	台班	0.4595			
	99250010	交流弧焊机 21 kV·A	台班	1.4519			
	99250310	全自动热熔焊接机 SH-110C	台班		0.1022		
	99250320	全自动热熔焊接机 160	台班			0.0008	
	99250340	全自动热熔焊接机 250	台班				0.0010
	99250353	全自动热熔焊接机 SHD-160C	台班			0.1420	
	99250355	全自动热熔焊接机 SHD-250C	台班				0.1770
	99290010	X光胶片脱水烘干机 ZTH-340	台班	0.2323			
	99290020	超声波探伤机 CTS-22	台班	0.2900			
	99290050	X光探伤机 2005	台班	3.3396			
	99440010	电动单级离心清水泵 ϕ50	台班	0.2046			
	JX2030	其他机械费	%	5.0000			

工作内容:场内搬运,管件安装。

定额编号			G-2-3-17	G-2-3-18	G-2-3-19
项 目			聚乙烯燃气管件安装		
			管外径 250 mm 以内	管外径 315 mm 以内	管外径 400 mm 以内
			个	个	个
预算定额编号	预算定额名称	预算定额单位	数 量		
06-2-2-50	聚乙烯燃气管件(弯头)安装(热熔)管外径 250 mm 以内	个	0.7710		
06-2-2-51	聚乙烯燃气管件(弯头)安装(热熔)管外径 315 mm 以内	个		0.7710	
06-2-2-52	聚乙烯燃气管件(弯头)安装(热熔)管外径 400 mm 以内	个			0.7710
06-2-2-56	聚乙烯燃气管件(三通)安装(热熔)管外径 250 mm 以内	个	0.1440		
06-2-2-57	聚乙烯燃气管件(三通)安装(热熔)管外径 315 mm 以内	个		0.1440	
06-2-2-58	聚乙烯燃气管件(三通)安装(热熔)管外径 400 mm 以内	个			0.1440
06-2-2-80	钢塑转换法兰安装 管外径 250 mm 以内	个	0.0850		
06-2-2-81	钢塑转换法兰安装 管外径 315 mm 以内	个		0.0850	
06-2-2-82	钢塑转换法兰安装 管外径 400 mm 以内	个			0.0850

工作内容：场内搬运，管件安装。

定额编号				G-2-3-17	G-2-3-18	G-2-3-19
项目				聚乙烯燃气管件安装		
				管外径250 mm以内	管外径315 mm以内	管外径400 mm以内
		名 称	单位	个	个	个
人工	00150101	综合人工	工日	0.3632	0.5487	0.5967
材料	03014285	镀锌六角螺栓连母垫 M20	套	0.6936	1.0404	
	03014286	镀锌六角螺栓连母垫 M22	套			1.7340
	18096452	聚乙烯弯头(PE、热熔) dn250	只	0.7787		
	18096453	聚乙烯弯头(PE、热熔) dn315	只		0.7787	
	18096454	聚乙烯弯头(PE、热熔) dn400	只			0.7787
	18096652	聚乙烯三通(PE、热熔) dn250	只	0.1454		
	18096653	聚乙烯三通(PE、热熔) dn315	只		0.1454	
	18096654	聚乙烯三通(PE、热熔) dn400	只			0.1454
	20090219	聚乙烯法兰(PE) dn250	片	0.0850		
	20090220	聚乙烯法兰(PE) dn315	片		0.0850	
	20090221	聚乙烯法兰(PE) dn400	片			0.0850
	20110623	聚乙烯钢制法兰 dn250	片	0.0850		
	20110625	聚乙烯钢制法兰 dn315	片		0.0850	
	20110627	聚乙烯钢制法兰 dn400	片			0.0850
	20330325	聚四氟乙烯垫片 DN250	片	0.0876		
	20330327	聚四氟乙烯垫片 DN300	片		0.0876	
	20330329	聚四氟乙烯垫片 DN400	片			0.0876
机械	99070520	载重汽车 4 t	台班	0.0008		
	99070550	载重汽车 8 t	台班		0.0009	0.0013
	99250340	全自动热熔焊接机 250	台班	0.0013		
	99250355	全自动热熔焊接机 SHD-250C	台班	0.2051		
	99250360	全自动热熔焊接机 SHD-400C	台班		0.2608	0.2926

第四节 地上阀门安装工程

说 明

1. 本节定额包括螺纹阀门安装、法兰阀门安装、焊接阀门安装。
2. 本节定额中阀门口径≥100 mm时,已包括支架制作、安装。
3. 螺纹阀门安装项目,适用于各类内、外螺纹连接的项目。
4. 阀门安装不包括电动机安装,如发生,可参照相关定额子目。

工程量计算规则

阀门安装以"个"为计量单位。

工作内容：1. 外观检查,上阀门,调直。
2,3,4. 支架制作、安装、除锈、刷漆,阀门安装。

定额编号			G-2-4-1	G-2-4-2	G-2-4-3	G-2-4-4
项目			螺纹阀门安装	法兰阀门安装		
			公称直径 50 mm 以内	公称直径 100 mm 以内	公称直径 150 mm 以内	公称直径 200 mm 以内
			个	个	个	个
预算定额编号	预算定额名称	预算定额单位	数 量			
06-2-4-10	法兰阀门安装 100 mm 以内	个		1.0000		
06-2-4-11	法兰阀门安装 150 mm 以内	个			1.0000	
06-2-4-12	法兰阀门安装 200 mm 以内	个				1.0000
06-2-4-6	螺纹阀门安装 50 mm 以内	个	1.0000			
06-2-7-10	刷油 金属支架调和漆 第二遍	100 kg		0.0500	0.0500	0.1000
06-2-7-11	刷油 金属支架防锈漆 第一遍	100 kg		0.0500	0.0500	0.1000
06-2-7-12	刷油 金属支架防锈漆 第二遍	100 kg		0.0500	0.0500	0.1000
06-2-7-2	金属支架除锈	100 kg		0.0500	0.0500	0.1000
06-2-7-9	刷油 金属支架调和漆 第一遍	100 kg		0.0500	0.0500	0.1000
06-2-9-1	金属支架制作	t		0.0050	0.0050	0.0100
06-2-9-2	金属支架安装	t		0.0050	0.0050	0.0100

工作内容:1. 外观检查,上阀门,调直。
2,3,4. 支架制作、安装、除锈、刷漆,阀门安装。

	定 额 编 号		G-2-4-1	G-2-4-2	G-2-4-3	G-2-4-4
			螺纹阀门安装	法兰阀门安装		
	项 目		公称直径 50 mm 以内	公称直径 100 mm 以内	公称直径 150 mm 以内	公称直径 200 mm 以内
	名 称	单位	个	个	个	个
人工	00150101 综合人工	工日	0.2310	0.9701	1.1381	1.9402
材料	01150101 热轧型钢 综合	t		0.0053	0.0053	0.0106
	02130312 聚四氟乙烯带(生料带) 宽度25	m	3.0747			
	03014283 镀锌六角螺栓连母垫 M16	套		8.1600		
	03014285 镀锌六角螺栓连母垫 M20	套			8.1600	8.1600
	03018172 膨胀螺栓(钢制) M8	套		0.2040	0.2040	0.4080
	03110623 铁砂布 2#	张		0.0020	0.0020	0.0040
	03130123 电焊条 J507	kg		0.1041	0.1041	0.2082
	03155901 钢丝刷	把		0.0020	0.0020	0.0040
	13010115 酚醛调和漆	kg		0.0750	0.0750	0.1500
	13056131 酚醛防锈漆	kg		0.0850	0.0850	0.1700
	14050201 松香水	kg		0.0105	0.0105	0.0210
	14390101 氧气	m³		0.0991	0.0991	0.1982
	14390302 乙炔气	kg		0.0330	0.0330	0.0660
	18035516 镀锌内接头 DN50	个	1.0200			
	19010017 螺纹阀门 DN50	只	1.0000			
	19010033 法兰阀门 DN100	只		1.0000		
	19010034 法兰阀门 DN150	只			1.0000	
	19010035 法兰阀门 DN200	只				1.0000
	20330316 聚四氟乙烯垫片 DN50	片	1.0300			
	20330319 聚四氟乙烯垫片 DN100	片		1.0300		
	20330321 聚四氟乙烯垫片 DN150	片			1.0300	
	20330323 聚四氟乙烯垫片 DN200	片				1.0300
机械	99070520 载重汽车 4 t	台班		0.0033	0.0050	0.0067
	99090350 汽车式起重机 5 t	台班		0.0333	0.0500	0.0667
	99190230 立式钻床 φ25	台班		0.0042	0.0042	0.0084
	99250010 交流弧焊机 21 kV·A	台班		0.0150	0.0150	0.0300

工作内容:1,2,3. 支架制作、安装、除锈、刷漆,阀门安装。
4. 阀门安装。

定额编号			G-2-4-5	G-2-4-6	G-2-4-7	G-2-4-8
项 目			法兰阀门安装	焊接阀门安装		焊接阀门安装(下向焊)
			公称直径 300 mm 以内	公称直径 200 mm 以内	公称直径 300 mm 以内	公称直径 500 mm 以内
			个	个	个	个
预算定额编号	预算定额名称	预算定额单位	数 量			
06-2-4-13	法兰阀门安装 300 mm 以内	个	1.0000			
06-2-4-18	焊接阀门安装 200 mm 以内	个		1.0000		
06-2-4-19	焊接阀门安装 300 mm 以内	个			1.0000	
06-2-4-20	焊接阀门安装(下向焊) 500 mm 以内	个				1.0000
06-2-7-10	刷油 金属支架调和漆 第二遍	100 kg	0.1000	0.1000	0.1000	
06-2-7-11	刷油 金属支架防锈漆 第一遍	100 kg	0.1000	0.1000	0.1000	
06-2-7-12	刷油 金属支架防锈漆 第二遍	100 kg	0.1000	0.1000	0.1000	
06-2-7-2	金属支架除锈	100 kg	0.1000	0.1000	0.1000	
06-2-7-9	刷油 金属支架调和漆 第一遍	100 kg	0.1000	0.1000	0.1000	
06-2-9-1	金属支架制作	t	0.0100	0.0100	0.0100	
06-2-9-2	金属支架安装	t	0.0100	0.0100	0.0100	

工作内容:1,2,3. 支架制作、安装、除锈、刷漆,阀门安装。
4. 阀门安装。

	定额编号			G-2-4-5	G-2-4-6	G-2-4-7	G-2-4-8
	项 目			法兰阀门安装	焊接阀门安装		焊接阀门安装(下向焊)
				公称直径 300 mm 以内	公称直径 200 mm 以内	公称直径 300 mm 以内	公称直径 500 mm 以内
	名 称		单位	个	个	个	个
人工	00150101	综合人工	工日	2.2762	3.0007	4.2292	4.6620
材料	01150101	热轧型钢 综合	t	0.0106	0.0106	0.0106	
	01290102	热轧钢板 综合	kg		0.2100	0.3000	
	01610106	铈钨棒	g		1.1872	1.2634	
	03014285	镀锌六角螺栓连母垫 M20	套	12.2400			
	03018172	膨胀螺栓(钢制) M8	套	0.4080	0.4080	0.4080	
	03110212	尼龙砂轮片 φ100	片		0.1152	0.1630	6.0000
	03110623	铁砂布 2#	张	0.0040	0.0040	0.0040	
	03130123	电焊条 J507	kg	0.2082	2.0908	3.0366	
	03130129	电焊条 E6010	kg				5.9540
	03130927	碳钢氩弧焊丝(H08MnR)φ3	kg		0.2120	0.2256	
	03155901	钢丝刷	把	0.0040	0.0040	0.0040	
	13010115	酚醛调和漆	kg	0.1500	0.1500	0.1500	
	13056131	酚醛防锈漆	kg	0.1700	0.1700	0.1700	
	14050201	松香水	kg	0.0210	0.0210	0.0210	
	14390101	氧气	m³	0.1982	1.1412	1.5301	6.3000
	14390302	乙炔气	kg	0.0660	0.3800	0.5101	3.0000
	14390701	氩气	m³		0.5936	0.6317	
	19010036	法兰阀门 DN300	只	1.0000			
	19010044	焊接阀门 DN200	只		1.0000		
	19010045	焊接阀门 DN300	只			1.0000	
	19010046	焊接阀门 DN500	只				1.0000
	20330327	聚四氟乙烯垫片 DN300	片	1.0300			
机械	99070520	载重汽车 4 t	台班		0.0500		
	99070550	载重汽车 8 t	台班	0.0100		0.0700	
	99090350	汽车式起重机 5 t	台班	0.1000	0.1110	0.1400	
	99090400	汽车式起重机 16 t	台班				0.1582
	99190230	立式钻床 φ25	台班	0.0084	0.0084	0.0084	
	99191250	台式砂轮机	台班				0.2000
	99250010	交流弧焊机 21 kV·A	台班	0.0300	0.7426	1.0906	
	99250130	直流弧焊机 14 kW	台班				0.5000
	99250440	氩弧焊机 500 A	台班		0.0944	0.1316	
	99270060	电焊条烘干箱 600×500×750	台班		0.0320	0.0480	
	JX2030	其他机械费	%		5.0000	5.0000	5.0000

工作内容: 阀门安装。

定额编号	G-2-4-9
项目	焊接阀门安装(下向焊)
	公称直径 800 mm 以内
	个

预算定额编号	预算定额名称	预算定额单位	数　　量
06-2-4-21	焊接阀门安装(下向焊) 800 mm 以内	个	1.0000

工作内容: 阀门安装。

	定额编号		G-2-4-9
	项目		焊接阀门安装(下向焊)
			公称直径 800 mm 以内
	名　　称	单位	个
人工	00150101 综合人工	工日	8.6625
材料	03110212 尼龙砂轮片 φ100	片	11.0000
	03130129 电焊条 E6010	kg	14.0940
	14390101 氧气	m³	24.0000
	14390302 乙炔气	kg	12.0000
	19010047 焊接阀门 DN800	只	1.0000
机械	99090400 汽车式起重机 16 t	台班	0.1582
	99191250 台式砂轮机	台班	0.2500
	99250130 直流弧焊机 14 kW	台班	1.2500
	JX2030 其他机械费	%	5.0000

第五节 地下阀门及附属设施安装工程

说 明

1. 本节定额包括法兰阀门（井）安装、焊接阀门（井）安装、聚乙烯阀门（井）安装。
2. 本节定额均包括阀门井井体、井盖的制作安装。
3. 法兰阀门（井）安装包括阀门本体安装、法兰安装、相关附件及补偿器安装。

工程量计算规则

阀门安装以"个"为计量单位。

工作内容： 定型阀门井安装，井体人孔盖座安装，补偿器安装，阀门安装。

定额编号			G-2-5-1	G-2-5-2	G-2-5-3	G-2-5-4
项 目			法兰阀门（井）安装			
			公称直径 100 mm 以内	公称直径 150 mm 以内	公称直径 200 mm 以内	公称直径 300 mm 以内
			个	个	个	个
预算定额编号	预算定额名称	预算定额单位	数 量			
06-1-3-14	井体人孔盖座安装 φ860 湿拌砌筑砂浆 WM M7.5	座	1.0000	1.0000	1.0000	1.0000
06-1-3-21【换】	钢制闸阀钢筋混凝土阀门井（带标准管段）DN100～DN200 预拌混凝土（非泵送型）C25 粒径 5～20	座	1.0000	1.0000	1.0000	
06-1-3-26【换】	钢制法兰球阀钢筋混凝土阀门井（带标准管段）DN300 预拌混凝土（非泵送型）C30 粒径 5～40	座				1.0000
06-2-3-10【系】【换】	碳钢平焊法兰安装 200 mm 以内	副			4.0000	
06-2-3-11【系】	碳钢平焊法兰安装 300 mm 以内	副				4.0000
06-2-3-18	法兰盖安装 公称直径 50 mm 以内	片	2.0000	2.0000	2.0000	2.0000
06-2-3-8【系】【换】	碳钢平焊法兰安装 100 mm 以内	副	4.0000			
06-2-3-9【系】【换】	碳钢平焊法兰安装 150 mm 以内	副		4.0000		
06-2-4-10	法兰阀门安装 100 mm 以内	个	1.0000			
06-2-4-10【换】	球阀 RSQF-DN50	个	2.0000	2.0000	2.0000	2.0000
06-2-4-11	法兰阀门安装 150 mm 以内	个		1.0000		
06-2-4-12	法兰阀门安装 200 mm 以内	个			1.0000	
06-2-4-13	法兰阀门安装 300 mm 以内	个				1.0000
06-2-5-10	燃气通用补偿器 DN200	个			1.0000	
06-2-5-11	燃气通用补偿器 DN300	个				1.0000
06-2-5-8	燃气通用补偿器 DN100	个	1.0000			
06-2-5-9	燃气通用补偿器 DN150	个		1.0000		
06-2-7-41	管道焊缝超声波探伤 200 mm 以内	一个口			4.0000	
06-2-7-42	管道焊缝超声波探伤 300 mm 以内	一个口				4.0000
06-2-7-46	管道焊缝 X 射线摄影 80×300 mm 管壁厚 16 mm 以内	张			16.0000	24.0000
06-2-7-48	管道焊缝 X 射线摄影 80×150 mm 管壁厚 16 mm 以内	张	24.0000	24.0000		

工作内容：定型阀门井安装，井体人孔盖座安装，补偿器安装，阀门安装。

	定 额 编 号		G-2-5-1	G-2-5-2	G-2-5-3	G-2-5-4
	项 目		法兰阀门（井）安装			
			公称直径 100 mm 以内	公称直径 150 mm 以内	公称直径 200 mm 以内	公称直径 300 mm 以内
	名 称	单位	个	个	个	个
人工	00150101 综合人工	工日	36.0533	36.9534	36.3849	64.2036
材料	01010212 热轧带肋钢筋（HRB400）φ>10	t	0.7107	0.7107	0.7107	2.8325
	02090101 塑料薄膜	m²	3.7741	3.7741	3.7741	9.5060
	03014283 镀锌六角螺栓连母垫 M16	套	73.4400	24.48	24.48	24.48
	03014285 镀锌六角螺栓连母垫 M20	套		48.9600	48.9600	73.4400
	03110212 尼龙砂轮片 φ100	片	0.3860	0.5660	0.9520	1.4006
	03130123 电焊条 J507	kg	0.8620	1.9050	2.6259	4.1939
	03150101 圆钉	kg	0.8073	0.8073	0.8073	2.0614
	03152501 镀锌铁丝	kg	6.8283	6.8283	6.8283	27.2142
	04050217 碎石 5～40	t	1.7279	1.7279	1.7279	3.3660
	04131711 蒸压灰砂砖	千块	0.1177	0.1177	0.1177	0.1177
	14070101 机油	kg			0.1304	0.2604
	14310731 硫代硫酸钠	g	347.7600	347.7600	331.2000	496.8000
	14351801 耦合剂	kg			0.8140	1.4208
	14390101 氧气	m³	0.5370	0.6340	0.9760	1.3660
	14390302 乙炔气	kg	0.1790	0.2108	0.3255	0.4553
	16110211 X光透视用铅板 80×150	块	0.9120	0.9120		
	16110212 X光透视用铅板 80×300	块			0.6080	0.9120
	16110311 X光软胶片 80×150	张	28.8000	28.8000		
	16110312 X光软胶片 80×300	张			19.2000	28.8000
	16110710 增感纸 80×150	张	1.2000	1.2000		
	16110711 增感纸 80×300	张			0.8000	1.2000
	18031610 燃气钢制柔性防水套筒	套	2.0000	2.0000	2.0000	2.0000
	18211211 燃气通用补偿器 DN100	只	1.0000			
	18211213 燃气通用补偿器 DN150	只		1.0000		
	18211214 燃气通用补偿器 DN200	只			1.0000	
	18211216 燃气通用补偿器 DN300	只				1.0000
	18315607 导线连接	处	1.0000	1.0000	1.0000	1.0000
	19010032 法兰阀门 DN50	只	2	2	2	2
	19010033 法兰阀门 DN100	只	1.0000			
	19010034 法兰阀门 DN150	只		1.0000		
	19010035 法兰阀门 DN200	只			1.0000	
	19010036 法兰阀门 DN300	只				1.0000

(续表)

	定额编号		G-2-5-1	G-2-5-2	G-2-5-3	G-2-5-4
	项目		法兰阀门(井)安装			
			公称直径 100 mm 以内	公称直径 150 mm 以内	公称直径 200 mm 以内	公称直径 300 mm 以内
	名称	单位	个	个	个	个
材料	19412302 阀门加长杆固定架	只	1.0000	1.0000	1.0000	1.0000
	19412303 阀门加油管	根	1.0000	1.0000	1.0000	1.0000
	20010216 平焊钢法兰 DN300	片				4.0000
	20010317 平焊钢法兰 DN150	片		4.0000		
	20010321 平焊钢法兰 DN100	片	4.0000			
	20010321 平焊钢法兰 DN200	片			4.0000	
	20210516 钢制法兰盖 DN50	片	2.0000	2.0000	2.0000	2.0000
	20330316 聚四氟乙烯垫片 DN50	片	2.0600	2.0600	2.0600	2.0600
	20330319 聚四氟乙烯垫片 DN100	片	8.2400	2.0600	2.0600	2.0600
	20330321 聚四氟乙烯垫片 DN150	片		6.1800		
	20330323 聚四氟乙烯垫片 DN200	片			6.1800	
	20330327 聚四氟乙烯垫片 DN300	片				6.1800
	27170510 自粘性橡胶绝缘胶带	m	16.5600	16.5600	9.7600	14.6400
	28431001 探头线	根			0.0032	0.0048
	34110101 水	m³	0.0410	0.0410	0.0410	0.1261
	35010703 木模板成材	m³	0.1359	0.1359	0.1359	0.3462
	36011431 燃气铸铁盖座 φ860	套	1.0000	1.0000	1.0000	1.0000
	80060412 湿拌砌筑砂浆 WM M7.5	m³	0.3393	0.3393	0.3393	0.8381
	80210517 预拌混凝土(非泵送型) C25 粒径 5~20	m³	4.1106	4.1106	4.1106	
	80210521 预拌混凝土(非泵送型) C30 粒径 5~40	m³				12.6072
	X0045 其他材料费	%	0.2100	0.2100	0.2100	0.2100
机械	99050930 混凝土振捣器 插入式	台班	0.2576	0.2576	0.2576	0.7186
	99050940 混凝土振捣器 平板式	台班	0.1288	0.1288	0.1288	0.3593
	99070520 载重汽车 4 t	台班	0.0113	0.0137	0.0161	0.0066
	99070550 载重汽车 8 t	台班				0.0141
	99090350 汽车式起重机 5 t	台班	0.1734	0.1935	0.2137	0.3271
	99170020 钢筋调直机 φ40	台班	0.4120	0.4120	0.4120	1.0927
	99170030 钢筋切断机 φ40	台班	0.4120	0.4120	0.4120	1.0927
	99210010 木工圆锯机 φ500	台班	0.0735	0.0735	0.0735	0.1953
	99250010 交流弧焊机 21 kV·A	台班	0.3130	0.5740	0.754	1.1458
	99270060 电焊条烘干箱 600×500×750	台班	0.0815	0.0820	0.0815	0.0815
	99290010 X光胶片脱水烘干机 ZTH-340	台班	0.1680	0.1680	0.1408	0.2112
	99290020 超声波探伤机 CTS-22	台班			0.2112	0.3256
	99290050 X光探伤机 2005	台班	2.4288	2.4288	2.0240	3.0360

工作内容：1，2. 定型阀门井安装，井体人孔盖座安装，补偿器安装，阀门安装。
3，4. 定型阀门井安装，井体人孔盖座安装，阀门安装。

定额编号			G-2-5-5	G-2-5-6	G-2-5-7	G-2-5-8
项目			法兰阀门（井）安装		焊接阀门（井）安装	
			公称直径 500 mm 以内	公称直径 700 mm 以内	公称直径 200 mm 以内	公称直径 300 mm 以内
			个	个	个	个
预算定额编号	预算定额名称	预算定额单位	数 量			
06-1-3-14	井体人孔盖座安装 φ860 湿拌砌筑砂浆 WM M7.5	座			1.0000	1.0000
06-1-3-14【系】	井体人孔盖座安装 φ860 湿拌砌筑砂浆 WM M7.5	座	1.0000	1.0000		
06-1-3-18【换】	钢制闸阀钢筋混凝土阀门井 DN200 预拌混凝土（非泵送型）C25 粒径 5～20	座			1.0000	
06-1-3-26【换】	钢制法兰球阀钢筋混凝土阀门井（带标准管段）DN300 预拌混凝土（非泵送型）C30 粒径 5～40	座				1.0000
06-1-3-27【换】	钢制法兰球阀钢筋混凝土阀门井（带标准管段）DN500 预拌混凝土（非泵送型）C30 粒径 5～40	座	1.0000			
06-1-3-27【系】【换】	钢制法兰球阀钢筋混凝土阀门井（带标准管段）DN700 预拌混凝土（非泵送型）C30 粒径 5～40	座		1.0000		
06-2-3-12【系】	碳钢平焊法兰安装 500 mm 以内	副	4.0000			
06-2-3-13【系】	碳钢平焊法兰安装 700 mm 以内	副		4.0000		
06-2-3-20	法兰盖安装 公称直径 100 mm 以内	片	2.0000			
06-2-3-21	法兰盖安装 公称直径 150 mm 以内	片		2.0000		
06-2-4-10	球阀 RSQF-DN100X	个	2.0000			
06-2-4-11	球阀 RSQF-DN150X	个		2.0000		
06-2-4-14	法兰阀门安装 500 mm 以内	个	1.0000			
06-2-4-15【系】	法兰阀门安装 700 mm 以内	个		1.0000		
06-2-4-18	焊接阀门安装 200 mm 以内	个			1.0000	
06-2-4-19	焊接阀门安装 300 mm 以内	个				1.0000
06-2-5-12	燃气通用补偿器 DN500	个	1.0000			
06-2-5-13	燃气通用补偿器 DN700	个		1.0000		
06-2-7-43	管道焊缝超声波探伤 500 mm 以内	一个口	4.0000			
06-2-7-44	管道焊缝超声波探伤 700 mm 以内	一个口		4.0000		
06-2-7-46	管道焊缝 X 射线摄影 80×300 mm 管壁厚 16 mm 以内	张	32.0000	48.0000		

工作内容: 1,2. 定型阀门井安装,井体人孔盖座安装,补偿器安装,阀门安装。
3,4. 定型阀门井安装,井体人孔盖座安装,阀门安装。

	定 额 编 号		G-2-5-5	G-2-5-6	G-2-5-7	G-2-5-8
			法兰阀门(井)安装		焊接阀门(井)安装	
	项 目		公称直径 500 mm 以内	公称直径 700 mm 以内	公称直径 200 mm 以内	公称直径 300 mm 以内
	名 称	单位	个	个	个	个
人工	00150101 综合人工	工日	75.5810	96.2313	29.2024	53.6670
材料	01010211 热轧带肋钢筋(HRB400) φ≤10	t			0.2358	
	01010212 热轧带肋钢筋(HRB400) φ>10	t	3.0900	3.0900	0.5974	2.8325
	01290102 热轧钢板 综合	kg			0.2100	0.3000
	02090101 塑料薄膜	m²	10.5522	10.5522	3.7741	9.5060
	03130927 碳钢氩弧焊丝(H08MnR) φ3	kg			0.2120	0.2256
	03014283 镀锌六角螺栓连母垫 M16	套	32.64			
	03014285 镀锌六角螺栓连母垫 M20	套		32.6400		
	03014286 镀锌六角螺栓连母垫 M22	套	122.4000			
	03014288 镀锌六角螺栓连母垫 M27	套		146.8800		
	03110212 尼龙砂轮片 φ100	片	2.7670	3.7528	0.1152	0.1630
	03130123 电焊条 J507	kg	11.2210	16.2948	1.8826	2.8284
	03150101 圆钉	kg	2.2882	2.2882	0.8073	2.0614
	03152501 镀锌铁丝	kg	29.6882	29.6882	9.1793	27.2142
	04050217 碎石 5~40	t	3.6128	3.6128	1.3015	3.3660
	04131711 蒸压灰砂砖	千块	0.2512	0.2512	0.1177	0.1177
	14070101 机油	kg	0.4016	0.4716		
	14310731 硫代硫酸钠	g	662.4000	993.6000		
	14351801 耦合剂	kg	2.1300	2.5132		
	14390101 氧气	m³	2.2940	2.8788	0.9430	1.3320
	14390302 乙炔气	kg	0.7650	0.9599	0.314	0.444
	14390701 氩气	m³			0.5936	0.6317
	16110212 X光透视用铅板 80×300	块	1.2160	1.8240		
	16110312 X光软胶片 80×300	张	38.4000	57.6000		
	16110711 增感纸 80×300	张	1.6000	2.4000		
	18031610 燃气钢制柔性防水套筒	套	2.0000	2.0000	2.0000	2.0000
	18211219 燃气通用补偿器 DN500	只	1.0000			
	18211221 通用补偿器 DN700	只		1.0000		
	18315607 导线连接	处	1.0000	1.0000	1.0000	1.0000
	19010033 法兰阀门 DN100	只			2.0000	
	19010034 球阀 RSQF-DN150X	只				2.0000
	19010037 法兰阀门 DN500	只	1.0000			
	19010038 法兰阀门 DN700	只		1.0000		

(续表)

	定 额 编 号		G-2-5-5	G-2-5-6	G-2-5-7	G-2-5-8
			法兰阀门(井)安装		焊接阀门(井)安装	
	项 目		公称直径 500 mm 以内	公称直径 700 mm 以内	公称直径 200 mm 以内	公称直径 300 mm 以内
	名 称	单位	个	个	个	个
材料	19010044 焊接阀门 DN200	只			1.0000	
	19010045 焊接阀门 DN300	只				1.0000
	19412302 阀门加长杆固定架	只	1.0000	1.0000	1.0000	1.0000
	19412303 阀门加油管	根	1.0000	1.0000	1.0000	1.0000
	20010218 平焊钢法兰 DN500	片	4.0000			
	20010220 平焊钢法兰 DN700	片		4.0000		
	20210518 光滑面钢法兰盖 DN100	片	2.0000			
	20210519 钢制法兰盖 DN150	片		2.0000		
	20330319 聚四氟乙烯垫片 DN100	片	4.12			
	20330321 聚四氟乙烯垫片 DN150	片		4.1200		
	20330331 聚四氟乙烯垫片 DN500	片	6.1800			
	20330333 聚四氟乙烯垫片 DN700	片		6.1800		
	27170510 自粘性橡胶绝缘胶带	m	19.5200	29.2800		
	28431001 探头线	根	0.0052	0.0060		
	34110101 水	m³	0.1400	0.1400	0.0470	0.1261
	35010703 木模板成材	m³	0.3843	0.3843	0.1359	0.3462
	36011431 燃气铸铁盖座 φ860	套	1.0000	1.0000	1.0000	1.0000
	80060412 湿拌砌筑砂浆 WM M7.5	m³	0.9282	0.9282	0.3393	0.8381
	80210517 预拌混凝土(非泵送型) C25 粒径 5~20	m³			4.6818	
	80210521 预拌混凝土(非泵送型) C30 粒径 5~40	m³	13.9944	13.9944		12.6072
	X0045 其他材料费	%	0.2000	0.2000	0.2100	0.2100
机械	99050930 混凝土振捣器 插入式	台班	0.7980	0.9570	0.2669	0.7186
	99050940 混凝土振捣器 平板式	台班	0.3990	0.4790	0.1334	0.3593
	99070520 载重汽车 4 t	台班	0.0066	0.0100	0.0500	
	99070550 载重汽车 8 t	台班	0.0469	0.0835		0.07
	99090350 汽车式起重机 5 t	台班	0.4791	0.7004	0.1798	0.2798
	99170020 钢筋调直机 φ40	台班	1.2130	1.4560	0.4337	1.0927
	99170030 钢筋切断机 φ40	台班	1.2129	1.4560	0.4337	1.0927
	99210010 木工圆锯机 φ500	台班	0.2168	0.2600	0.0774	0.1953
	99250010 交流弧焊机 21 kV·A	台班	1.9680	2.8133	0.7126	1.0606
	99250440 氩弧焊机 500 A	台班			0.0944	0.1316
	99270060 电焊条烘干箱 600×500×750	台班	0.0870	0.1161	0.032	0.048
	99290010 X 光胶片脱水烘干机 ZTH-340	台班	0.2816	0.4224		
	99290020 超声波探伤机 CTS-22	台班	0.4208	0.4940		
	99290050 X 光探伤机 2005	台班	4.0480	6.0720		

工作内容： 定型阀门井安装，井体人孔盖座安装，阀门安装。

定 额 编 号			G-2-5-9	G-2-5-10	G-2-5-11	G-2-5-12
项 目			焊接阀门(井)安装(下向焊)	聚乙烯阀门(井)安装		
			公称直径 500 mm 以内	管外径 160 mm 以内	管外径 200 mm 以内	管外径 250 mm 以内
			个	个	个	个
预算定额编号	预算定额名称	预算定额单位	数 量			
06-1-3-14	井体人孔盖座安装 φ860 湿拌砌筑砂浆 WM M7.5	座	1.0000	1.0000	1.0000	1.0000
06-1-3-23	聚乙烯阀门钢筋混凝土阀门井≤250 预拌混凝土(非泵送型)C25 粒径5～20	座		1.0000	1.0000	1.0000
06-1-3-27【换】	钢制法兰球阀钢筋混凝土阀门井(带标准管段)DN500 预拌混凝土(非泵送型)C30 粒径5～40	座	1.0000			
06-2-2-64	聚乙烯(PE)电熔条形码套筒 dn160	个		2.0000		
06-2-2-65	聚乙烯(PE)电熔条形码套筒 dn200	个			2.0000	
06-2-2-66	聚乙烯(PE)电熔条形码套筒 dn250	个				2.0000
06-2-4-20	焊接阀门安装(下向焊)500 mm 以内	个	1.0000			
06-2-4-22	聚乙烯阀门安装(热熔)160 mm 以内	个		1.0000		
06-2-4-23	聚乙烯阀门安装(热熔)200 mm 以内	个			1.0000	
06-2-4-24	聚乙烯阀门安装(热熔)250 mm 以内	个				1.0000

工作内容：定型阀门井安装，井体人孔盖座安装，阀门安装。

定额编号			G-2-5-9	G-2-5-10	G-2-5-11	G-2-5-12
项目			焊接阀门(井)安装(下向焊)	聚乙烯阀门(井)安装		
			公称直径 500 mm 以内	管外径 160 mm 以内	管外径 200 mm 以内	管外径 250 mm 以内
名称		单位	个	个	个	个
人工	00150101	综合人工	工日	60.1700	19.4282	20.1116	20.5232
材料	01010212	热轧带肋钢筋(HRB400) $\phi>10$	t	3.0900	0.5974	0.5974	0.5974
	02090101	塑料薄膜	m²	10.5522	3.7741	3.7741	3.7741
	03110212	尼龙砂轮片 $\phi 100$	片	6.0000			
	03130129	电焊条 E6010	kg	5.9540			
	03150101	圆钉	kg	2.2882	0.8073	0.8073	0.8073
	03152501	镀锌铁丝	kg	29.6882	5.7397	5.7397	5.7397
	04050217	碎石 5~40	t	3.6128	0.7181	0.7181	0.7181
	04131711	蒸压灰砂砖	千块	0.2512	0.1177	0.1177	0.1177
	14390101	氧气	m³	6.3000			
	18031616	燃气钢制柔性防水套筒 DN500	套	2.0000			
	18096416	聚乙烯弯头(PE、电熔) dn160	只		2.0200		
	18096417	聚乙烯弯头(PE、电熔) dn200	只			2.0200	
	18096418	聚乙烯弯头(PE、电熔) dn250	只				2.0200
	18315607	导线连接	处	1.0000			
	19010046	焊接阀门 DN500		1.0000			
	19380735	聚乙烯阀门(热熔) dn160	只		1.0000		
	19380737	聚乙烯阀门(热熔) dn200	只			1.0000	
	19380739	聚乙烯阀门(热熔) dn250	只				1.0000
	19412302	阀门加长杆固定架	只	1.0000			
	19412303	阀门加油管	根	1.0000			
	34110101	水	m³	0.1400	0.0190	0.0190	0.0190
	35010703	木模板成材	m³	0.3843	0.1359	0.1359	0.1359
	36011431	燃气铸铁盖座 $\phi 860$	套	1.0000	1.0000	1.0000	1.0000
	80060412	湿拌砌筑砂浆 WM M7.5	m³	0.9282	0.3393	0.3393	0.3393
	80210517	预拌混凝土(非泵送型) C25 粒径5~20	m³		1.8870	1.8870	1.8870
	80210521	预拌混凝土(非泵送型) C30 粒径5~40	m³	13.9944			
	14390302	乙炔气	kg	3.0000			
机械	99050930	混凝土振捣器 插入式	台班	0.7977	0.1076	0.1076	0.1076
	99050940	混凝土振捣器 平板式	台班	0.3988	0.0538	0.0538	0.0538
	99070520	载重汽车 4 t	台班		0.0050	0.0080	0.0090
	99090350	汽车式起重机 5 t	台班	0.1524	0.0638	0.0698	0.0718
	99090400	汽车式起重机 16 t	台班	0.1582			
	99170020	钢筋调直机 $\phi 40$	台班	1.2129	0.3652	0.3652	0.3652
	99170030	钢筋切断机 $\phi 40$	台班	1.2129	0.3652	0.3652	0.3652
	99191250	台式砂轮机	台班	0.2000			
	99210010	木工圆锯机 $\phi 500$	台班	0.2168	0.0659	0.0659	0.0659
	99250130	直流弧焊机 14 kW	台班	0.5000			
	99250320	全自动热熔焊接机 160	台班		0.0140		
	99250340	全自动热熔焊接机 250	台班			0.0200	0.0300
	99250422	全自动电熔焊机 HWD-350	台班		0.2002	0.2500	0.3124
	99430290	内燃空气压缩机 6 m³/min	台班		0.0010	0.0010	0.0010

第六节 牺牲阳极工程

说 明

1. 本节定额包括牺牲阳极及测试井安装、牺牲阳极及测试桩安装、镯式阳极制作及安装。
2. 牺牲阳极及测试井安装包括挖土、安装和调试。
3. 牺牲阳极及测试桩安装包括挖土、安装和调试。
4. 镯式阳极制作及安装包括定位、制作及安装。

工程量计算规则

1. 牺牲阳极安装均以"组"为计量单位。
2. 镯式阳极制作及安装均以"套"为计量单位。

工作内容:1. 挖沟槽土方,牺牲阳极及测试井安装,牺牲阳极保护系统调试。
2. 挖沟槽土方,牺牲阳极及测试桩安装,牺牲阳极保护系统调试。
3,4. 镯式阳极定位,镯式阳极制作,镯式阳极敷设及通电点安装。

定额编号			G-2-6-1	G-2-6-2	G-2-6-3	G-2-6-4
项 目			牺牲阳极及测试井安装	牺牲阳极及测试桩安装	镯式阳极制作及安装	
					公称直径 300 mm	公称直径 500 mm
			组	组	套	套
预算定额编号	预算定额名称	预算定额单位	数 量			
06-1-2-3	人工挖沟槽土方 三类土 2 m 以内	m³		0.2500		
06-1-2-4	人工挖沟槽土方 三类土 3 m 以内	m³	0.2500			
06-2-7-30	牺牲阳极及测试井安装	组	1.0000			
06-2-7-31	牺牲阳极及测试桩安装	组		1.0000		
06-2-7-32	牺牲阳极保护系统调试	km	0.3330	0.3330		
06-2-7-33	镯式阳极定位	处			1.0000	1.0000
06-2-7-34	镯式阳极制作 300	套			1.0000	
06-2-7-35	镯式阳极制作 500	套				1.0000
06-2-7-37	镯式阳极敷设及通电点安装 300	套			1.0000	
06-2-7-38	镯式阳极敷设及通电点安装 500	套				1.0000

工作内容:1. 挖沟槽土方,牺牲阳极及测试井安装,牺牲阳极保护系统调试。
2. 挖沟槽土方,牺牲阳极及测试桩安装,牺牲阳极保护系统调试。
3,4. 镯式阳极定位,镯式阳极制作,镯式阳极敷设及通电点安装。

定额编号				G-2-6-1	G-2-6-2	G-2-6-3	G-2-6-4
项 目				牺牲阳极及测试井安装	牺牲阳极及测试桩安装	镯式阳极制作及安装	
						公称直径 300 mm	公称直径 500 mm
		名 称	单位	组	组	套	套
人工	00150101	综合人工	工日	12.5187	11.6413	9.0628	14.4820
材料	02131161	热收缩缠绕带 300×1.4	m²			0.3591	0.5542
	02194101	补伤片 300×300	m²			0.4200	0.4200
	02270751	棉纺布袋(阳极棒用)	个	4.0000	4.0000		
	03013411	铜六角螺栓 M8×25	个	6.0600	6.0600		
	03019337	铜六角螺母 M8	个	15.1500	15.1500		
	03019435	铜垫圈 M8	个	12.1200	12.1200		
	03110623	铁砂布 2#	张	5.0000	5.0000		
	03131512	铝热焊剂	kg	0.2500	0.2500		

(续表)

	定 额 编 号		G-2-6-1	G-2-6-2	G-2-6-3	G-2-6-4
	项 目		牺牲阳极及测试井安装	牺牲阳极及测试桩安装	镯式阳极制作及安装	
					公称直径 300 mm	公称直径 500 mm
	名 称	单位	组	组	套	套
材料	03131513 铝热焊剂	瓶			2.2000	2.2000
	03131801 焊锡丝	kg			0.1000	0.1000
	03131901 焊锡	kg	0.8000	0.8000	0.2000	0.2000
	03131941 焊锡膏 50 g/瓶	kg	0.1000	0.1000		
	03133321 点火引发装置	只			0.0800	0.0800
	03133331 铝热焊点火器	个			2.2000	2.2000
	03133341 铝热焊模具	套	0.0200	0.0200	0.0800	0.0800
	04010114 水泥 32.5 级	kg	51.2500			
	04030115 黄砂 中粗	t	0.0816			
	04093101 膨润土	kg	200.0000	200.0000		
	04131710 蒸压灰砂砖	块	91.3500			
	13010115 酚醛调和漆	kg	0.2160	0.2160		
	13050314 厚白漆	kg			0.1300	0.1300
	14030401 柴油	kg			9.9619	
	14030402 柴油	L				16.6031
	14050121 油漆溶剂油	kg	0.4000	0.4000		
	14050201 松香水	kg			0.9800	1.1000
	14210101 环氧树脂	kg	2.5000			
	14210112 环氧树脂 6101#	kg		2.5000		
	14355851 环氧固化剂	kg	0.5000	0.5000		
	14431301 聚氯乙烯橡胶带 40×10 m	卷	3.0000	3.0000		
	15071525 玻璃布 宽 40	m	1.2000	1.2000		
	17030122 镀锌焊接钢管 DN20	m	42.0000	42.0000		
	18293005 热缩套管 φ20	根			1.0000	2.0000
	27170511 自粘性橡胶绝缘胶带	卷	1.0000	1.0000		
	28010312 硬铜绞线 TJ-25 mm²	m	55.0000	55.0000		
	28110101 电缆	m			16.0000	16.0000
	29090216 铜接线端子 DT-25	个	5.0500	5.0500		
	29110401 接线盒钢制	个	1.0000			
	34010306 牺牲阳极棒	个	4.0000	4.0000		
	34010431 镯式阳极 300	支			1.0000	
	34010432 镯式阳极 500	支				1.0000
	34010451 牺牲阳极棒测试桩	根		1.0000		
	36011421 燃气铸铁盖座 600×400	套	1.0000			
机械	98051000 数字万用表 34401A	台班	0.1667	0.1667		
	98530510 便携式硫酸铜串变电极	台班	0.1667	0.1667		
	99070550 载重汽车 8 t	台班	1.0000	1.0000		
	99090360 汽车式起重机 8 t	台班			0.3504	0.5840
	99110022 工程修理车 4 t	台班			0.1875	0.1875
	99250010 交流弧焊机 21 kV·A	台班	0.0500	0.0500		
	99440030 电动单级离心清水泵 φ100	台班	0.8000	0.8000		

工作内容：镯式阳极定位，镯式阳极制作，镯式阳极敷设及通电点安装。

定 额 编 号			G-2-6-5
项 目			镯式阳极制作及安装
			公称直径 800 mm
			套
预算定额编号	预算定额名称	预算定额单位	数量
06-2-7-33	镯式阳极定位	处	1.0000
06-2-7-36	镯式阳极制作 800	套	1.0000
06-2-7-39	镯式阳极敷设及通电点安装 800	套	1.0000

工作内容：镯式阳极定位，镯式阳极制作，镯式阳极敷设及通电点安装。

	定 额 编 号			G-2-6-5
	项 目			镯式阳极制作及安装
				公称直径 800 mm
	名 称		单位	套
人工	00150101	综合人工	工日	22.6108
材料	02131161	热收缩缠绕带 300×1.4	m²	0.8338
	02194101	补伤片 300×300	m²	0.4200
	03131513	铝热焊剂	瓶	2.2000
	03131801	焊锡丝	kg	0.1000
	03131901	焊锡	kg	0.2000
	03133321	点火引发装置	只	0.0800
	03133331	铝热焊点火器	个	2.2000
	03133341	铝热焊模具	套	0.0800
	13050314	厚白漆	kg	0.1300
	14030402	柴油	L	26.5650
	14050201	松香水	kg	1.2800
	18293005	热缩套管 φ20	根	3.0000
	28110101	电缆	m	16.0000
	34010433	镯式阳极 800	支	1.0000
机械	99090360	汽车式起重机 8 t	台班	0.9344
	99110022	工程修理车 4 t	台班	0.1875

第三章 管道穿跨越工程

说　　明

1. 本章定额包括桥管安装工程、水平定向钻穿越工程、顶管工程和旧管道内穿管工程，共 4 节 44 个子目。
2. 本章定额适用于架空跨越、地下穿越及顶管施工管道。
3. 本章定额各种燃气管道的输送压力按照第二章执行。

第一节 桥管安装工程

说 明

1. 本节定额包括桥管(跨度 15 m)安装工程、桥管承台工程、打钢筋混凝土方桩、打钻孔灌注桩、搭拆打桩机工作平台(陆上)、搭拆打桩机工作平台(水上)、组装、拆卸柴油打桩机及场外运输、钻孔灌注桩钻机安装、拆除及场外运输。

2. 本节定额桥管安装是按照河道通航设计净高 5 m 取定,平管跨越过河,适用于单跨或者多跨,管道壁厚取定同直管安装。如设计需要加高或采用斜拉、钢桁架等其他加固形式时,其消耗量应另计。

3. 桥管安装工程定额中包括托架、抱箍及防护栅栏、桥管防腐、无损探伤以及管道的清通试压和置换。

4. 本节定额桥管跨度按每座 15 m 取定,实际跨度不同时,可按工程量计算规则进行工程量换算。

5. 设计桥管管道规格与定额子目规格不符时,按接近规格套用,中间规格按较大规格计算。

6. 桥管承台工程定额中已综合考虑承台制作的模板、混凝土和钢筋。

7. 本节定额中打桥管桩均考虑在搭置的支架平台上操作。

8. 打预制钢筋混凝土方桩定额内不包括废料外运,如实际发生,另行计算。

9. 单位工程中打预制钢筋混凝土方桩工程量小于等于 80 m³ 的为小型工程,按相应定额中的人工及机械台班数量乘以 1.1 系数计算。

10. 打钻孔灌注桩定额内不包括声测管、输送泵费及灌注桩桩底注浆、泥浆外运费,如实际发生,另行计算。

11. 打钻孔灌注桩定额内不包括动、静测量费,如实际发生,另行计算。

12. 本节定额打桩机工作平台适用于陆上、支架上打桩及钻孔桩。支架平台分水上与陆上两种(图 3-1),其划分范围如下:

(1)水上工作平台:凡从河道原有河岸线向陆地延伸 2.5 m 范围,均属水上工作平台。

(2)陆上工作平台:水上工作平台范围以外的陆地部分,均属陆上工作平台,但不包括河塘坑洼地段。

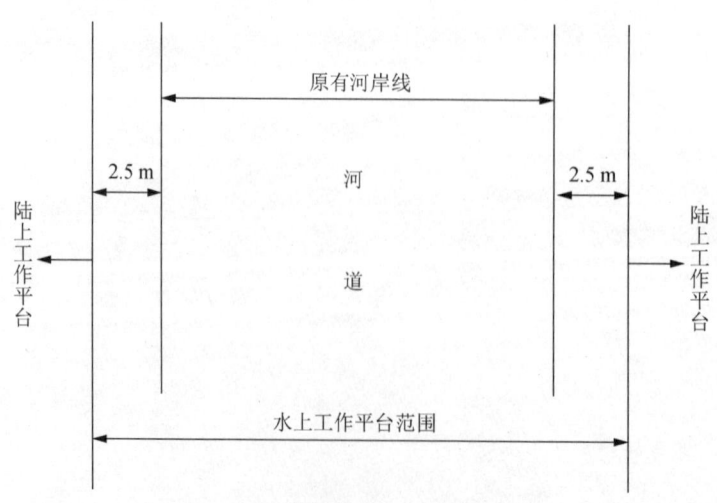

图 3-1 水上、陆上工作平台划分图示

在河塘坑洼地段,如平均水深超过 2 m 时,可套用水上工作平台定额;平均水深在 1~2 m 范围内,按水上工作平台定额消耗量乘以 50% 计算;平均水深在 1 m 以内时,按陆上工作平台计算。

13. 搭、拆打桩机工作平台的定额中,已综合考虑了柴油打桩机的锤重。

14. 搭、拆水上工作平台定额已包括组装、拆卸船排及打拔桩架。

工程量计算规则

1. 桥管(跨度 15 m)安装按跨度和口径以"座"为计量单位。
2. 桥管总长指起讫点管道长度,子目选取跨度按沟底两弯头中心间管道长度确定。
3. 如实际跨度不同时,除管材与管件外,其他消耗量乘以下式系数进行子目换算,管材消耗可按实际长度调整。

$$换算系数 = \frac{实际跨度}{定额跨度}$$

4. 定额中桥管总长(延长米)比子目选取跨度长 9 m,即每边斜长 4.5 m。定额取定按 3 m 架空管保护,1.5 m 埋地管保护。如实际长度不同,可根据设计图纸按实调整。
5. 桥管承台工程以"m³"为计量单位。
6. 打钢筋混凝土方桩按桩长(包括桩尖长度)乘以桩截面面积以"m³"为计量单位。
7. 打钻孔灌注桩按设计桩长以"m"为计量单位。
8. 搭、拆打桩机工作平台以"m²"为计量单位。
9. 搭、拆工作平台工程量计算规则(图 3-2)。

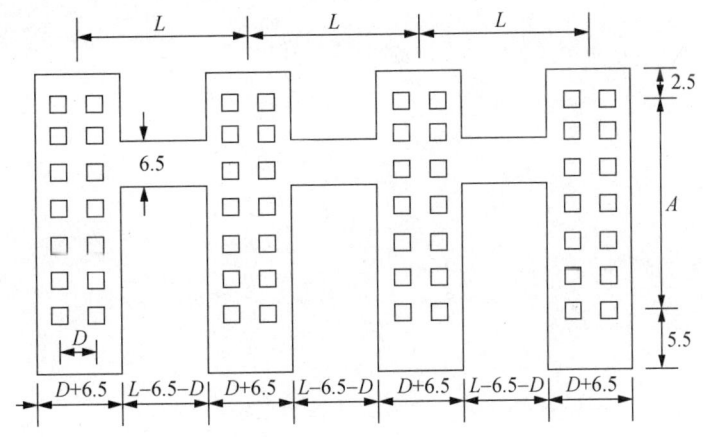

图 3-2　搭、拆工作平台工程量

1) 排架打桩：　　$F = N_1 F_1 + N_2 F_2$
　　每座排架承台：$F_1 = (5.5 + A + 2.5) \times (6.5 + D)$
　　每条通道：　　$F_2 = 6.5 \times [L - (6.5 + D)]$
2) 钻孔灌注桩：　$F = N_1 F_1 + N_2 F_2$
　　每座排架承台：$F_1 = (A + 6.5) \times (6.5 + D)$
　　每条通道：　　$F_2 = 6.5 \times [L - (6.5 + D)]$

式中：F——工作平台总面积(m²);

　　F_1——每座排架承台工作平台面积(m²);

　　F_2——排架承台间通道工作平台面积(m²);

N_1——排架承台总数量；

N_2——通道总数量；

D——两排桩之间距离(m)；

L——排架承台跨径第一根桩中心至最后一根桩中心之间的距离(m)；

A——排架承台每排桩的第一根桩中心至最后一根桩中心之间的距离(m)。

10. 组装、拆卸柴油打桩机及场外运输和钻孔灌注桩钻机安装、拆除及场外运输以"处"为计量单位。

第三章　管道穿跨越工程

工作内容： 1，2，3. 桥管及附件安装，刷漆，无损探伤，气压试验，气密性试验，管道吹扫，管道清通，气体置换。
4. 承台模板安、拆，预拌混凝土浇拌，钢筋安装。

定额编号			G-3-1-1	G-3-1-2	G-3-1-3	G-3-1-4
项目			桥管（跨度15 m）安装工程			桥管承台工程
			公称直径300 mm以内	公称直径500 mm以内	公称直径700 mm以内	
			座	座	座	m³
预算定额编号	预算定额名称	预算定额单位	数　量			
06-1-3-38	预拌混凝土工程 承台	m³				1.0000
06-1-3-45	钢筋工程 现场预制混凝土钢筋φ10以内	t				0.1000
06-2-7-3	刷油 管道环氧富锌漆 第一遍	m²	24.9940	40.6860	55.3740	
06-2-7-4	刷油 管道环氧富锌漆 第二遍	m²	24.9940	40.6860	55.3740	
06-2-7-42	管道焊缝超声波探伤 300 mm以内	一个口	4.0800			
06-2-7-43	管道焊缝超声波探伤 500 mm以内	一个口		4.0770		
06-2-7-44	管道焊缝超声波探伤 700 mm以内	一个口			4.0800	
06-2-7-46	管道焊缝X射线摄影 80×300 mm 管壁厚16 mm以内	张	24.4800	32.6130	48.9600	
06-2-7-5	刷油 管道氯化橡胶漆 第一遍	m²	24.9940	40.6860	55.3740	
06-2-7-6	刷油 管道氯化橡胶漆 第二遍	m²	24.9940	40.6860	55.3740	
06-2-7-7	刷油 管道调和漆 第一遍	m²	24.9940	40.6860	55.3740	
06-2-7-8	刷油 管道调和漆 第二遍	m²	24.9940	40.6860	55.3740	
06-2-8-18	气密性试验 公称直径300 mm以内	m	24.4800			
06-2-8-19	气密性试验 公称直径500 mm以内	m		24.4800		
06-2-8-20	气密性试验 公称直径700 mm以内	m			24.4800	
06-2-8-27	管道吹扫 公称直径300 mm以内	m	48.9600			
06-2-8-28	管道吹扫 公称直径500 mm以内	m		48.9600		
06-2-8-29	管道吹扫 公称直径700 mm以内	m			48.9600	
06-2-8-33	管道清通清管器 公称直径300 mm以内	m	48.9600			
06-2-8-34	管道清通清管器 公称直径500 mm以内	m		48.9600		
04-7-4-1	商品混凝土输送 泵车	m³				1.0000
06-2-8-35	管道清通清管器 公称直径800 mm以内	m			48.9600	
06-2-8-40【换】	管道置换（各类气体）公称直径300 mm以内	m	48.9600			
06-2-8-41	管道置换（各类气体）公称直径500 mm以内	m		48.9600		
06-2-8-42	管道置换（各类气体）公称直径700 mm以内	m			48.9600	
06-2-8-5	气压试验 公称直径300 mm以内	m	24.4800			
06-2-8-6	气压试验 公称直径500 mm以内	m		24.4800		
06-2-8-7	气压试验 公称直径700 mm以内 管壁厚16 mm以内	m			24.4800	
06-3-1-1【换】	桥管（单跨15 m）安装工程 公称直径300 mm以内	座	1.0000			
06-3-1-2【换】	桥管（单跨15 m）安装工程 公称直径500 mm以内	座		1.0000		
06-3-1-3【换】	桥管（单跨15 m）安装工程 公称直径700 mm以内	座			1.0000	
06-6-3-2	混凝土模板 承台	m²				4.0000

工作内容： 1，2，3. 桥管及附件安装,刷漆,无损探伤,气压试验,气密性试验,管道吹扫,管道清通,气体置换。
4. 承台模板安、拆,预拌混凝土浇拌,钢筋安装。

定额编号			G-3-1-1	G-3-1-2	G-3-1-3	G-3-1-4
项目			桥管(跨度15 m)安装工程			桥管承台工程
			公称直径 300 mm 以内	公称直径 500 mm 以内	公称直径 700 mm 以内	
名称		单位	座	座	座	m³
人工	00150101	综合人工	工日	41.5837	63.6677	84.8611	2.2271
材料	01010213	热轧带肋钢筋(HRB400) $\phi \leqslant 10$	kg				102.0000
	01090138	圆钢 $\phi 14$	kg	55.2684	65.3172	75.3660	
	01130115	扁钢 50～75	kg	18.4976	27.6923	36.6707	
	01290101	热轧钢板 综合	t	0.1454	0.1958	0.2779	
	01290102	热轧钢板 综合	kg	15.6379	22.1691	32.1176	
	01610106	铈钨棒	g	8.0855	14.1926	19.9270	
	02010183	橡胶板(中压) $\delta 0.8\sim 6$	kg	0.5875	1.2191	2.2179	
	02070211	橡胶垫 $\delta 10$	m²	0.8248	1.4626	2.1777	
	02090101	塑料薄膜	m²				1.7804
	03014280	镀锌六角螺栓连母垫 M10	套	16.3200	16.3200	16.3200	
	03014283	镀锌六角螺栓连母垫 M16	套	16.3200	16.3200	16.3200	
	03014285	镀锌六角螺栓连母垫 M20	套	11.3489			
	03014286	镀锌六角螺栓连母垫 M22	套		33.1508		
	03014288	镀锌六角螺栓连母垫 M27	套			49.8756	
	03110212	尼龙砂轮片 $\phi 100$	片	0.8128	1.9008	2.7136	
	03130123	电焊条 J507	kg	18.4837	36.1974	49.5908	
	03130927	碳钢氩弧焊丝(H08MnR) $\phi 3$	kg	1.4438	2.5344	3.5584	
	03150101	圆钉	kg				0.7916
	03152501	镀锌铁丝	kg				0.9800
	03154813	铁件	kg				0.6524
	13010115	酚醛调和漆	kg	4.9488	8.0558	10.9641	
	13053901	环氧富锌漆	kg	13.1468	21.4008	29.1267	
	13056181	氯化橡胶沥青厚浆型防锈漆	kg	10.2225	16.6406	22.6480	
	14030401	柴油	kg	8.7834	11.3147	17.6746	
	14050201	松香水	kg	0.5249	0.8544	1.1629	
	14070101	机油	kg	0.2656	0.4093	0.4810	
	14310731	硫代硫酸钠	g	506.7360	675.0891	1 013.4720	
	14351801	耦合剂	kg	1.4492	2.1710	2.5635	
	14354361	环氧富锌漆稀释剂	kg	2.7243	4.4348	6.0358	
	14355850	固化剂	kg	2.6494	4.3127	5.8696	
	14390101	氧气	m³	9.3228	15.5348	21.1339	
	14390302	乙炔气	kg	3.1060	6.2831	7.0414	
	14390701	氩气	m³	4.0428	7.0963	9.9635	
	14391501	氮气	m³	5.1922	21.6281	42.3969	
	14391501	天然气	m³	5.1922	21.6281	42.3969	
	16110212	X光透视用铅板 80×300	块	0.9302	1.2393	1.8605	

(续表)

	定 额 编 号		G-3-1-1	G-3-1-2	G-3-1-3	G-3-1-4
	项 目		桥管(跨度 15 m)安装工程			桥管承台工程
			公称直径 300 mm 以内	公称直径 500 mm 以内	公称直径 700 mm 以内	
	名 称	单位	座	座	座	m³
材料	16110312 X光软胶片 80×300	张	29.3760	39.1356	58.7520	
	16110711 增感纸 80×300	张	1.2240	1.6306	2.4480	
	17010871 钢管 D325×8	m	24.4800			
	17010877 钢管 D529×10	m		24.4800		
	17010879 钢管 D720×10	m			24.4800	
	17070279 无缝钢管 D57×4	m	0.0979	0.0979	0.0979	
	19010017 螺纹阀门 DN50	只	0.0979	0.0979	0.0979	
	20010211 平焊钢法兰 DN50	片	0.3917	0.3917	0.3917	
	24110112 压力表 0～2.5 MPa	套	0.0098	0.0098	0.0098	
	27170510 自粘性橡胶绝缘胶带	m	14.9328	19.8939	29.8656	
	28431001 探头线	根	0.0049	0.0053	0.0061	
	34110101 水	m³				0.1883
	35010703 木模板成材	m³				0.0832
	35060411 清通器 DN300	只	0.0098			
	35060421 清通器 DN500	只		0.0098		
	35060431 清通器 DN800	只			0.0098	
	80210518 预拌混凝土(非泵送型) C25 粒径 5～40	m³				1.0100
机械	99050540 混凝土输送泵车 75 m³/h	台班				0.0167
	99050930 混凝土振捣器 插入式	台班				0.1030
	99070550 载重汽车 8 t	台班	0.5078	0.8791	0.8791	
	99070560 载重汽车 10 t	台班	0.0979	0.0979	0.0979	
	99090080 履带式起重机 10 t	台班				0.0652
	99090350 汽车式起重机 5 t	台班	0.8610	0.9830	1.1636	
	99090390 汽车式起重机 12 t	台班	0.0979	0.0979	0.0979	
	99090400 汽车式起重机 16 t	台班	0.9450	0.9450	0.9450	
	99110022 工程修理车 4 t	台班	0.1469	0.2203	0.2448	
	99170030 钢筋切断机 φ40	台班				0.0120
	99170050 钢筋弯曲机 φ40	台班				0.0354
	99210010 木工圆锯机 φ500	台班				0.0388
	99230160 砂轮切割机	台班	0.3840	0.6400	0.8960	
	99250010 交流弧焊机 21 kV·A	台班	9.0859	16.4993	22.5073	
	99250440 氩弧焊机 500 A	台班	0.8422	1.2979	1.7293	
	99270060 电焊条烘干箱 600×500×750	台班	0.8271	1.4118	1.9300	
	99290010 X光胶片脱水烘干机 ZTH-340	台班	0.2154	0.2870	0.4308	
	99290020 超声波探伤机 CTS-22	台班	0.3321	0.4289	0.5039	
	99290050 X光探伤机 2005	台班	3.0967	4.1255	6.1934	
	99430290 内燃空气压缩机 6 m³/min	台班	0.1420	0.1273	0.1469	
	99430320 内燃空气压缩机 17 m³/min	台班		0.0734	0.1763	

工作内容：1，2. 打钢筋混凝土方桩，送方桩，凿钢筋混凝土方桩。
3，4. 埋设拆除钢护筒，回旋钻机钻孔，预拌水下混凝土，钢筋笼制作安装，截、凿钻孔灌注桩。

定 额 编 号			G-3-1-5	G-3-1-6	G-3-1-7	G-3-1-8
项 目			打钢筋混凝土方桩 ($L{\leqslant}12$ m)	打钢筋混凝土方桩 ($L{\leqslant}28$ m)	钻孔灌注桩 ($\phi{\leqslant}600$)	钻孔灌注桩 ($\phi{\leqslant}800$)
			m³	m³	m	m
预算定额编号	预算定额名称	预算定额单位	数　量			
01-3-1-55	凿钢筋混凝土方桩	根	0.9260	0.3970		
01-3-1-56	截、凿钻孔灌注桩	根			0.0670	0.0670
06-1-3-40	灌注桩 预拌水下混凝土（非泵送型）C30 粒径5～40	m³			0.2830	0.5020
06-1-3-47	灌注桩钢筋笼	t			0.0270	0.0330
06-1-4-13	打钢筋混凝土方桩 $L{\leqslant}12$ m 陆上	m³	0.3000			
06-1-4-14	打钢筋混凝土方桩 $L{\leqslant}12$ m 支架上	m³	0.7000			
06-1-4-15	打钢筋混凝土方桩 $L{\leqslant}28$ m 陆上	m³		0.3000		
06-1-4-16	打钢筋混凝土方桩 $L{\leqslant}28$ m 支架上	m³		0.7000		
06-1-4-18	送方桩（$L{\leqslant}12$ m）支架上	m³	0.7000			
06-1-4-19	送方桩（$L{\leqslant}28$ m）陆上	m³		0.3000		
06-1-4-20	送方桩（$L{\leqslant}28$ m）支架上	m³		0.7000		
06-1-4-23	埋设拆除钢护筒 支架上 $\phi{\leqslant}600$	m			0.0670	
06-1-4-24	钻孔灌注桩 埋设拆除钢护筒 支架上 $\phi{\leqslant}800$	m				0.0670
06-1-4-25	回旋钻机钻孔 $\phi{\leqslant}600$ 护壁泥浆	m³			0.2830	
06-1-4-26	回旋钻机钻孔 $\phi{\leqslant}800$ 护壁泥浆	m³				0.5020
06-1-4-17	送方桩（$L{\leqslant}12$ m）陆上	m³	0.3000			

工作内容：1，2. 打钢筋混凝土方桩，送方桩，凿钢筋混凝土方桩。
3，4. 埋设拆除钢护筒，回旋钻机钻孔，预拌水下混凝土，钢筋笼制作安装，截、凿钻孔灌注桩。

定 额 编 号				G-3-1-5	G-3-1-6	G-3-1-7	G-3-1-8
项 目				打钢筋混凝土方桩 ($L{\leqslant}12$ m)	打钢筋混凝土方桩 ($L{\leqslant}28$ m)	钻孔灌注桩 ($\phi{\leqslant}600$)	钻孔灌注桩 ($\phi{\leqslant}800$)
	名　称		单位	m³	m³	m	m
人工	00030121	混凝土工 建筑装饰	工日	0.1194	0.0512	0.0653	0.0653
	00030153	其他工 建筑装饰	工日	0.0060	0.0026	0.0033	0.0033
	00150101	综合人工	工日	0.9902	0.9573	0.3889	0.5291

(续表)

定额编号			G-3-1-5	G-3-1-6	G-3-1-7	G-3-1-8
项 目			打钢筋混凝土方桩 ($L \leqslant 12$ m)	打钢筋混凝土方桩 ($L \leqslant 28$ m)	钻孔灌注桩 ($\phi \leqslant 600$)	钻孔灌注桩 ($\phi \leqslant 800$)
	名 称	单位	m³	m³	m	m
材料	01010211 热轧带肋钢筋（HRB400）$\phi \leqslant 10$	t			0.0046	0.0057
	01010212 热轧带肋钢筋（HRB400）$\phi > 10$	t			0.0228	0.0285
	01050102 钢丝绳	kg	0.0022	0.0022		
	02190201 尼龙绳	kg	0.0014	0.0014		
	02330401 草垫	只	2.0000	2.0000		
	03130101 电焊条	kg			0.3598	0.4496
	03150101 圆钉	kg			0.0001	0.0001
	03150501 骑马钉	kg			0.0021	0.0021
	03152501 镀锌铁丝	kg			0.0480	0.0600
	03211101 风镐凿子	根	0.0579	0.0248	0.0042	0.0042
	04290407 钢筋混凝土方桩（制品）	m³	1.0100	1.0100		
	05031801 枕木	m³			0.0002	0.0002
	34110101 水	m³			0.7912	1.3669
	35091111 钢护筒 $\phi 600$	t			0.0001	
	35091121 钢护筒 $\phi 800$	t				0.0002
	35091901 钢桩帽摊销	kg	0.0733	0.0733		
	35091911 送桩器摊销	kg	0.7724	0.7724		
	35092321 打桩专用圆木墩	只	0.0080	0.0080		
	37010111 轻轨	kg			0.0848	0.0848
	80112011 护壁泥浆	m³			0.0622	0.3316
	80211213 预拌水下混凝土(非泵送型)C30 粒径5～40	m³			0.3528	0.6267
机械	99030030 履带式柴油打桩机 2.5 t	台班	0.0296			
	99030050 履带式柴油打桩机 5 t	台班		0.0270		
	99030120 轨道式柴油打桩机 2.5 t	台班	0.0899			
	99030140 轨道式柴油打桩机 4 t	台班		0.0914		
	99030620 工程钻机 GPS-10	台班			0.0236	0.0325
	99030630 工程钻机 GPS-15	台班			0.0074	0.0132
	99030980 震动锤 90 kW	台班			0.0051	0.0068
	99050150 泥浆排放设备	台班			0.0576	0.0520
	99090090 履带式起重机 15 t	台班	0.1195	0.1184		
	99090360 汽车式起重机 8 t	台班			0.0097	0.0121
	99090450 汽车式起重机 40 t	台班			0.0022	0.0022
	99091380 电动卷扬机单筒快速 10 kN	台班			0.0051	0.0032
	99091530 电动卷扬机双筒慢速 50 kN	台班			0.0027	0.0036
	99092040 索具 4 号	台班			0.0051	0.0068
	99170030 钢筋切断机 $\phi 40$	台班			0.0084	0.0105
	99250010 交流弧焊机 21 kV·A	台班			0.0741	0.0927
	99330010 风镐	台班	0.0407	0.0175	0.0155	0.0155
	99430200 电动空气压缩机 0.6 m³/min	台班			0.0124	0.0221
	99430250 电动空气压缩机 10 m³/min	台班	0.0204	0.0087	0.0077	0.0077
	99440240 泥浆泵 $\phi 50$	台班			0.0236	0.0325

工作内容：1. 平整场地、铺碎石、碾压等。
2. 竖拆简易桩架，制桩，打桩，装拆桩箍，装订支柱，盖木，斜撑，搁梁及铺板，拆除脚手板及拔桩，搬运材料，堆放，组装，拆卸船排，清理等。
3. 柴油打桩机场外运输费及组装、拆卸。
4. 钻孔灌注桩钻机场外运输费及组装、拆卸。

定额编号			G-3-1-9	G-3-1-10	G-3-1-11	G-3-1-12
项　目			搭、拆打桩机工作平台（陆上）	搭、拆打桩机工作平台（水上）	组装、拆卸柴油打桩机及场外运输	钻孔灌注桩钻机安装、拆除及场外运输
			m²	m²	台·次	台·次
预算定额编号	预算定额名称	预算定额单位	数　量			
06-1-4-10	组装、拆卸轨道式柴油打桩机锤重1.2 t 锤重1.2 t	架次			0.2500	
06-1-4-11	组装、拆卸轨道式柴油打桩机锤重1.8 t 锤重1.8 t	架次			0.2500	
06-1-4-12	组装、拆卸轨道式柴油打桩机锤重2.5 t 锤重2.5 t	架次			0.2500	
06-1-4-5	搭、拆柴油打桩机工作平台（水上）锤重0.6 t	m²	0.2500	0.2500		
06-1-4-6	搭、拆柴油打桩机工作平台（水上）锤重1.2 t	m²	0.2500	0.2500		
06-1-4-7	搭、拆柴油打桩机工作平台（水上）锤重1.8 t	m²	0.2500	0.2500		
06-1-4-8	搭、拆柴油打桩机工作平台（水上）锤重2.5 t	m²	0.2500	0.2500		
06-1-4-9	组装、拆卸轨道式柴油打桩机锤重0.6 t 锤重0.6 t	架次			0.2500	
06-6-7-14	钻孔灌注桩钻机安装及拆除费	台				1.0000
06-6-7-3	1.8 t 以内柴油打桩机场外运输费	台·次			0.5000	
06-6-7-4	2.5 t 以内柴油打桩机场外运输费	台·次			0.5000	
06-6-7-9	钻孔灌注桩钻机场外运输费	台·次				1.0000

工作内容：1. 平整场地、铺碎石、碾压等。
2. 竖拆简易桩架，制桩，打桩，装拆桩箍，装订支柱，盖木，斜撑，搁梁及铺板，拆除脚手板及拔桩，搬运材料，堆放，组装，拆卸船排，清理等。
3. 柴油打桩机场外运输费及组装、拆卸。
4. 钻孔灌注桩钻机场外运输费及组装、拆卸。

	定额编号		G-3-1-9	G-3-1-10	G-3-1-11	G-3-1-12
	项 目		搭、拆打桩机工作平台（陆上）	搭、拆打桩机工作平台（水上）	组装、拆卸柴油打桩机及场外运输	钻孔灌注桩钻机安装、拆除及场外运输
	名 称	单位	m²	m²	台·次	台·次
人工	00150101 综合人工	工日	0.0860	1.0834	18.1013	
材料	04050215 碎石 5~25	t	0.1552			
	01150103 热轧型钢 综合	kg		0.7108		
	03014201 镀锌六角螺栓连母垫	kg		0.1521		
	03152501 镀锌铁丝	kg		0.0024		
	03154813 铁件	kg		0.2697		
	05030103 圆木	m³		0.0164		
	05031801 枕木	m³		0.0097		
机械	99130110 内燃光轮压路机 轻型	台班	0.0004			
	99130350 内燃夯实机 700N·m	台班	0.0050			
	99030080 轨道式柴油打桩机 0.6 t	台班		0.0267	0.1125	
	99030100 轨道式柴油打桩机 1.2 t	台班			0.1125	
	99030110 轨道式柴油打桩机 1.8 t	台班			0.1125	
	99030120 轨道式柴油打桩机 2.5 t	台班			0.1250	
	99090080 履带式起重机 10 t	台班		0.0444		
	99090350 汽车式起重机 5 t	台班			0.3623	
	99090360 汽车式起重机 8 t	台班			0.5265	
	99090390 汽车式起重机 12 t	台班			0.6593	
	99090400 汽车式起重机 16 t	台班			1.2500	
	99091380 电动卷扬机单筒快速 10 kN	台班			2.3985	
	99091440 电动卷扬机双筒快速 50 kN	台班		0.0407		
	99092030 索具 3 号	台班			1.5480	
	99410530 铁驳船 80 t	t·d		12.6750		
	99910710 柴油打桩机进出场费 1.8 t	台次			0.5000	
	99910720 柴油打桩机进出场费 2.5 t	台次			0.5000	
	99910830 钻孔灌注桩钻机进出场费	台次				1.0000
	99930240 钻孔灌注桩钻机安装及拆除费	台次				1.0000

第二节 水平定向钻穿越工程

说　明

1. 本节定额包括定向钻穿越（钢管）、定向钻穿越（聚乙烯管）、拖头安装和拆卸、定向钻钻机安装、拆除及场外运输。
2. 定向钻穿越内容包括地下管线复核、穿越管道地面布管、充填式注浆、泥浆抽集、水平定向钻钻导向孔、水平定向钻扩孔和水平定向钻管线回拖。
3. 定向钻穿越（钢管）定额中包括管道的组装焊接、防腐、无损探伤以及管道的清通试压和置换。
4. 定向钻穿越（聚乙烯管）定额中包括管道的组装连接、管道的清通试压和置换。
5. 本节定额中的钻导向孔、扩孔工作内容均按二类土质考虑。
6. 本节定额中不包括泥浆外运费用。

工程量计算规则

1. 定向钻穿越分口径按管线穿越长度以"m"为计量单位。
2. 定向钻进工程每米管道对应的泥浆抽集总量可按以下公式计算：

$$V = KL\pi D^2/4$$

式中：V——管道泥浆抽集总量（m³）；
　　　K——管径系数（表3-1）；
　　　L——管道长度（m）；
　　　D——回扩孔终孔外径（m）。

表3-1　管径系数

定向钻进管道口径	DN300/dn315 以内	DN600/dn630 以内	DN800/dn800 以内
管径系数 K	1.2	1.6	2.0

3. 定向钻钻机安装、拆除及场外运输以"次"为单位。

工作内容: 地下管线复核,定向钻钻机安拆,穿越管道地面布管,钢管焊接,钻导向孔,扩孔,边注浆边回拖管道,泥浆抽集,管道外防腐,无损探伤,气压试验,气密性试验,管道吹扫,管道清通,气体置换。

定额编号			G-3-2-1	G-3-2-2	G-3-2-3	G-3-2-4
项 目			定向钻穿越(钢管)			
			公称直径 200 mm 以内	公称直径 300 mm 以内	公称直径 500 mm 以内	公称直径 800 mm 以内
			m	m	m	m
预算定额编号	预算定额名称	预算定额单位	数 量			
06-2-1-20	钢管安装(氩电联焊)D219×8 mm	m	1.0000			
06-2-1-21	钢管安装(氩电联焊)D325×8 mm	m		1.0000		
06-2-1-22	钢管安装(氩电联焊)D529×10 mm	m			1.0000	
06-2-1-23	钢管安装(氩电联焊)D720×10 mm	m				1.0000
06-2-7-20	接口外防腐 热收缩套 DN200 普通级	个	0.1680			
06-2-7-22	接口外防腐 热收缩套 DN300 普通级	个		0.1680		
06-2-7-24	热收缩套 DN500 普通级	个			0.1680	
06-2-7-28	热收缩套 DN800 普通级	个				0.1680
06-2-7-41	管道焊缝超声波探伤 200 mm 以内	一个口	0.1680			
06-2-7-42	管道焊缝超声波探伤 300 mm 以内	一个口		0.1680		
06-2-7-43	管道焊缝超声波探伤 500 mm 以内	一个口			0.1680	
06-2-7-45	管道焊缝超声波探伤 800 mm 以内 管壁厚 16 mm 以内	一个口				0.1680
06-2-7-46	管道焊缝 X 射线摄影 80×300 mm 管壁厚 16 mm 以内	张	0.6730	1.0100	1.3470	2.0200
06-2-8-17	气密性试验 公称直径 200 mm 以内	m	2.0000			
06-2-8-18	气密性试验 公称直径 300 mm 以内	m		2.0000		
06-2-8-19	气密性试验 公称直径 500 mm 以内	m			2.0000	
06-2-8-21	气密性试验 公称直径 800 mm 以内	m				2.0000

(续表)

定额编号			G-3-2-1	G-3-2-2	G-3-2-3	G-3-2-4
项目			定向钻穿越（钢管）			
			公称直径 200 mm 以内	公称直径 300 mm 以内	公称直径 500 mm 以内	公称直径 800 mm 以内
			m	m	m	m
预算定额编号	预算定额名称	预算定额单位	数　量			
06-2-8-26	管道吹扫 公称直径 200 mm 以内	m	4.0000			
06-2-8-27	管道吹扫 公称直径 300 mm 以内	m		4.0000		
06-2-8-28	管道吹扫 公称直径 500 mm 以内	m			4.0000	
06-2-8-30	管道吹扫 公称直径 800 mm 以内	m				4.0000
06-2-8-33	管道清通清管器 公称直径 300 mm 以内	m	2.0000	2.0000		
06-2-8-34	管道清通清管器 公称直径 500 mm 以内	m			2.0000	
06-2-8-35	管道清通清管器 公称直径 800 mm 以内	m				2.0000
06-2-8-39【换】	管道置换（各类气体）公称直径 200 mm 以内	m	2.0000			
06-2-8-4	气压试验 公称直径 200 mm 以内	m	2.0000			
06-2-8-40【换】	管道置换（各类气体）公称直径 300 mm 以内	m		2.0000		
06-2-8-41【系】【换】	管道置换（各类气体）公称直径 500 mm 以内	m			2.0000	
06-2-8-43【系】【换】	管道置换（各类气体）公称直径 800 mm 以内	m				2.0000
06-2-8-5	气压试验 公称直径 300 mm 以内	m		2.0000		
06-2-8-6	气压试验 公称直径 500 mm 以内	m			2.0000	
06-2-8-8	气压试验 公称直径 800 mm 以内	m				2.0000
06-3-2-1	定向钻地下管线复核 各类管道	m^2	11.0200	11.0200	11.0200	11.0200
06-3-2-10	定向钻穿越管道地面布管钢管 公称直径 800 mm 以内	m				1.0000
06-3-2-11	充填式注浆 $\phi500$	m	1.0000	1.0000		

(续表)

定 额 编 号			G-3-2-1	G-3-2-2	G-3-2-3	G-3-2-4
项 目			定向钻穿越（钢管）			
			公称直径 200 mm 以内	公称直径 300 mm 以内	公称直径 500 mm 以内	公称直径 800 mm 以内
			m	m	m	m
预算定额编号	预算定额名称	预算定额单位	数 量			
06-3-2-13	充填式注浆 ϕ800	m			1.0000	
06-3-2-14	充填式注浆 ϕ1 000	m				1.0000
06-3-2-15	泥浆抽集 公称直径 600 mm 以内	m³	0.1480	0.1480		
06-3-2-16	泥浆抽集 公称直径 1 000 mm 以内	m³			0.2140	0.3300
06-3-2-25	定向钻钻导向孔无线导向 二类土质 化学泥浆	m	1.0000		1.0000	1.0000
06-3-2-25	水平定向钻钻导向孔无线导向 二类土质	m		1.0000		
06-3-2-37	定向钻扩孔 二类土质 DN200 化学泥浆	m	1.0000			
06-3-2-38	水平定向钻扩孔 二类土质 DN300	m		1.0000		
06-3-2-40	水平定向钻扩孔 二类土质 DN500 化学泥浆	m			1.0000	
06-3-2-42	水平定向钻扩孔 二类土质 DN800 化学泥浆	m				1.0000
06-3-2-44【换】	水平定向钻管线回拖 公称直径 200 mm 以内	m	1.0150			
06-3-2-45【换】	水平定向钻管线回拖 公称直径 300 mm 以内	m		1.0150		
06-3-2-47【换】	水平定向钻管线回拖 公称直径 500 mm 以内	m			1.0150	
06-3-2-49【换】	定向钻管线回拖 公称直径 800 mm 以内 化学泥浆	m				1.0150
06-3-2-7	定向钻穿越管道地面布管钢管 公称直径 200 mm 以内	m	1.0000			
06-3-2-8	定向钻穿越管道地面布管钢管 公称直径 300 mm 以内	m		1.0000		
06-3-2-9	定向钻穿越管道地面布管钢管 公称直径 500 mm 以内	m			1.0000	

工作内容：地下管线复核,定向钻钻机安拆,穿越管道地面布管,钢管焊接,钻导向孔,扩孔,边注浆边回拖管道,泥浆抽集,管道外防腐,无损探伤,气压试验,气密性试验,管道吹扫,管道清通,气体置换。

	定 额 编 号		G-3-2-1	G-3-2-2	G-3-2-3	G-3-2-4
	项 目		定向钻穿越（钢管）			
			公称直径 200 mm 以内	公称直径 300 mm 以内	公称直径 500 mm 以内	公称直径 800 mm 以内
	名 称	单位	m	m	m	m
人工	00150101 综合人工	工日	1.2909	1.6204	2.5059	3.7391
材料	01210102 等边角钢	kg	0.0200	0.0200	0.0370	0.0500
	01290102 热轧钢板 综合	kg	0.8138	0.8728	1.1956	1.7420
	01610106 铈钨棒	g	0.1187	0.1263	0.2218	0.3114
	02010183 橡胶板(中压) δ0.8～6	kg	0.0330	0.0400	0.0830	0.1680
	03014285 镀锌六角螺栓连母垫 M20	套	0.4416	0.6992		
	03014286 镀锌六角螺栓连母垫 M22	套			2.0424	
	03014289 镀锌六角螺栓连母垫 M30	套				3.2568
	03110212 尼龙砂轮片 φ100	片	0.0091	0.0127	0.0297	0.0424
	03110262 钢丝砂轮片 φ150	片	0.202	0.2526	0.2020	0.2886
	03130123 电焊条 J507	kg	0.2119	0.3064	0.5847	0.8039
	03130927 碳钢氩弧焊丝（H08MnR）φ3	kg	0.0212	0.0226	0.0396	0.0556
	03210941 导向钻刀片	片	0.0012	0.0012	0.0012	0.0012
	04010111 水泥 32.5 级	t	0.0724	0.0724	0.1051	0.1275
	04091307 粉煤灰磨细	t	0.1452	0.1452	0.2132	0.2575
	04093102 膨润土	t	0.0430	0.0560	0.0937	0.1550
	14030401 柴油	kg	0.3588	0.3588	0.4622	0.7220
	14070101 机油	kg	0.0055	0.011	0.0169	0.0211
	14310731 硫代硫酸钠	g	13.9408	20.9111	27.8817	41.8225
	14312301 碳酸氢钠(小苏打)	kg	0.3139	0.4010	0.6563	1.0711
	14351801 耦合剂	kg	0.0343	0.0597	0.0895	0.1126
	14390101 氧气	m³	0.1935	0.2531	0.6651	0.9499
	14390302 乙炔气	kg	0.2006	0.2672	0.2759	0.3170
	14390501 氮气	m³	0.1413	0.2121	0.8835	2.2620
	14390701 氩气	m³	0.0594	0.0632	0.1109	0.1557
	34110801 天然气	m³	0.1413	0.2121	0.8835	2.2620
	14414001 热熔胶	kg	0.0842	0.0842	0.0840	0.0840
	16110212 X光透视用铅板 80×300	块	0.0256	0.0384	0.0512	0.0768
	16110312 X光软胶片 80×300	张	0.8082	1.2122	1.6164	2.4245
	16110711 增感纸 80×300	张	0.0336	0.0505	0.0673	0.1010
	17010869 钢管 D219×8	m	1.0200			
	17010871 钢管 D325×8	m		1.0200		

(续表)

定额编号			G-3-2-1	G-3-2-2	G-3-2-3	G-3-2-4
项 目			定向钻穿越（钢管）			
			公称直径 200 mm 以内	公称直径 300 mm 以内	公称直径 500 mm 以内	公称直径 800 mm 以内
名 称		单位	m	m	m	m
材料	17010877	钢管 D529×10	m			1.0200	
	17010879	钢管 D720×10	m				1.0200
	17070279	无缝钢管 D57×4	m	0.0040	0.0040	0.0040	0.0040
	18293035	热收缩套 DN200	个	0.1768			
	18293037	热收缩套 DN300	个		0.1768		
	18293039	热收缩套 DN500	个			0.1768	
	18293043	热收缩套 DN800	个				0.1768
	19010017	螺纹阀门 DN50	只	0.0040	0.0040	0.0040	0.0040
	20010211	平焊钢法兰 DN50	片	0.0160	0.0160	0.0160	0.0160
	24110112	压力表 0～2.5 MPa	套	0.0004	0.0004	0.0004	0.0004
	27170510	自粘性橡胶绝缘胶带	m	0.4108	0.6161	0.8217	1.2325
	28431001	探头线	根	0.0001	0.0002	0.0002	0.0003
	34110101	水	m³	0.5960	0.7201	1.1501	1.7845
	35041501	注浆管	kg	0.1050	0.1050	0.1050	0.1050
	35060011	定向钻钻杆	根	0.0131	0.0172	0.0317	0.0537
	35060111	钢拖头 φ200	只	0.0019			
	35060112	钢拖头 φ300	只		0.0020		
	35060214	聚乙烯拖管头 dn500	只			0.0020	
	35060218	聚乙烯拖管头 dn800	只				0.0024
	35060310	回扩器 φ250	只	0.0047	0.0047	0.0047	0.0047
	35060312	回扩器 φ350	只	0.0049	0.0049	0.0049	0.0049
	35060314	回扩器 φ450	只		0.0049	0.0049	0.0049
	35060318	回扩器 φ650	只			0.0051	0.0051
	35060320	回扩器 φ750	只			0.0052	0.0052
	35060322	回扩器 φ850	只				0.0053
	35060324	回扩器 φ950	只				0.0055
	35060326	回扩器 φ1050	只				0.0057
	35060330	回扩器 φ1250	只				0.0061
	35060411	清通器 DN300	只	0.0004	0.0004		
	35060421	清通器 DN500	只			0.0004	
	35060431	清通器 DN800	只				0.0004
	35060611	滚轮架 小	只	0.0028	0.0032		
	35060612	滚轮架 中	只			0.0035	
	35060613	滚轮架 大	只				0.0038
	35061011	柔性吊装带	根	0.0007	0.0008	0.0011	0.0016
	80112602	化学泥浆	kg	0.4356	0.5565	0.9082	1.4823

(续表)

	定 额 编 号		G-3-2-1	G-3-2-2	G-3-2-3	G-3-2-4
	项 目		定向钻穿越（钢管）			
			公称直径 200 mm 以内	公称直径 300 mm 以内	公称直径 500 mm 以内	公称直径 800 mm 以内
	名 称	单位	m	m	m	m
机械	98010300 激光测量导向仪	台班	0.0353	0.0353	0.0353	0.0353
	98010320 无线控向系统	台班	0.0142	0.0142	0.0142	0.0142
	98430432 红外线测温仪（SMART）	台班	0.0050	0.0050	0.0050	0.0050
	98530470 火花检测仪	台班	0.0080	0.0085	0.0125	0.0250
	98550010 地下管线探测仪	台班	0.0132	0.0132	0.0132	0.0132
	99010060 履带式单斗液压挖掘机 1 m³	台班	0.0047	0.0059	0.0067	0.0101
	99050775 灰浆搅拌机 400L	台班	0.0015	0.0015	0.0022	0.0026
	99070520 载重汽车 4 t	台班	0.0465	0.0468	0.0815	0.1398
	99070550 载重汽车 8 t	台班		0.0070	0.0120	0.0179
	99070560 载重汽车 10 t	台班	0.0040	0.0040	0.0040	0.0040
	99090350 汽车式起重机 5 t	台班	0.0516	0.0606	0.0883	0.1427
	99090360 汽车式起重机 8 t	台班			0.0053	
	99090390 汽车式起重机 12 t	台班	0.0040	0.0040	0.0040	0.0126
	99091470 电动卷扬机单筒慢速 50 kN	台班	0.0015	0.0015	0.0022	0.0026
	99110022 工程修理车 4 t	台班	0.0486	0.0677	0.1100	0.1699
	99230180 砂轮切割机 φ500	台班	0.0040	0.0060	0.0100	0.0140
	99250010 交流弧焊机 21 kV·A	台班	0.0809	0.1157	0.2187	0.2988
	99250440 氩弧焊机 500 A	台班	0.0094	0.0132	0.0203	0.0270
	99270060 电焊条烘干箱 600×500×750	台班	0.0032	0.0048	0.0096	0.0131
	99290010 X光胶片脱水烘干机 ZTH-340	台班	0.0059	0.0089	0.0119	0.0178
	99290020 超声波探伤机 CTS-22	台班	0.0089	0.0137	0.0177	0.0221
	99290050 X光探伤机 2005	台班	0.0851	0.1278	0.1704	0.2555
	99351130 水平定向钻机 45 t 以内	台班	0.0252	0.0309	0.0550	0.0930
	99430290 内燃空气压缩机 6 m³/min	台班	0.0096	0.0104	0.0104	0.0128
	99430320 内燃空气压缩机 17 m³/min	台班			0.0030	0.0072
	99440010 电动单级离心清水泵 φ50	台班	0.0072	0.0087	0.0101	0.0156
	99440030 电动单级离心清水泵 φ100	台班	0.0628	0.0724	0.1275	0.2187
	99440240 泥浆泵 φ50	台班	0.0028	0.0028	0.0022	0.0026
	99440250 泥浆泵 φ100	台班			0.0022	0.0035
	99440670 液压注浆泵 HYB50/50-1 型	台班	0.0015	0.0015	0.0022	0.0026

工作内容: 1,2,3. 地下管线复核,定向钻钻机安拆,穿越管道地面布管,聚乙烯管连接,钻导向孔,扩孔,边注浆边回拖管道,泥浆抽集,气压试验,气密性试验,管道吹扫,管道清通,气体置换。
4. 热熔焊接机就位,接口组对,焊板加热,PE拖头熔接及拆卸。

定额编号			G-3-2-5	G-3-2-6	G-3-2-7	G-3-2-8
项目			定向钻穿越(聚乙烯管)			拖头安装和拆卸PE拖管头
			管外径 200 mm 以内	管外径 315 mm 以内	管外径 400 mm 以内	
			m	m	m	个
预算定额编号	预算定额名称	预算定额单位	数 量			
06-2-1-31	聚乙烯燃气管安装(热熔) 管外径 200 mm 以内	m	1.0000			
06-2-1-33	聚乙烯燃气管安装(热熔) 管外径 315 mm 以内	m		1.0000		
06-2-1-34	聚乙烯燃气管安装(热熔) 管外径 400 mm 以内	m			1.0000	
06-2-8-17	气密性试验 公称直径 200 mm 以内	m	2.0000			
06-2-8-18	气密性试验 公称直径 300 mm 以内	m		2.0000		
06-2-8-19	气密性试验 公称直径 500 mm 以内	m			2.0000	
06-2-8-26	管道吹扫 公称直径 200 mm 以内	m	4.0000			
06-2-8-27	管道吹扫 公称直径 300 mm 以内	m		4.0000		
06-2-8-28	管道吹扫 公称直径 500 mm 以内	m			4.0000	
06-2-8-39【系】【换】	管道置换(各类气体)公称直径 200 mm 以内	m	2.0000			
06-2-8-4	气压试验 公称直径 200 mm 以内	m	2.0000			
06-2-8-40【系】	管道置换(各类气体)公称直径 300 mm 以内	m		2.0000		
06-2-8-41【换】	管道置换(各类气体)公称直径 500 mm 以内	m			2.0000	
06-2-8-5	气压试验 公称直径 300 mm 以内	m		2.0000		

(续表)

定额编号			G-3-2-5	G-3-2-6	G-3-2-7	G-3-2-8
项目			定向钻穿越（聚乙烯管）			拖头安装和拆卸PE拖管头
			管外径 200 mm 以内	管外径 315 mm 以内	管外径 400 mm 以内	
			m	m	m	个
预算定额编号	预算定额名称	预算定额单位	数量			
06-2-8-6	气压试验 公称直径 500 mm 以内	m			2.0000	
06-3-2-1	定向钻地下管线复核 各类管道	m²	11.0200	11.0200	11.0200	
06-3-2-11	充填式注浆 ϕ500	m	1.0000	1.0000		
06-3-2-12	充填式注浆 ϕ600	m			1.0000	
06-3-2-15	泥浆抽集 公称直径 600 mm 以内	m³	0.1480	0.1480	0.1810	
06-3-2-18	定向钻拖头安装、拆卸 PE 拖管头 公称直径 300 mm 以内	个				0.5000
06-3-2-19	定向钻拖头安装、拆卸 PE 拖管头 公称直径 400 mm 以内	个				0.5000
06-3-2-25	定向钻钻导向孔无线导向 二类土质 化学泥浆	m	1.0000	1.0000	1.0000	
06-3-2-37	定向钻扩孔 二类土质 DN200 化学泥浆	m	1.0000			
06-3-2-38	水平定向钻扩孔 二类土质 DN300	m		1.0000		
06-3-2-39	水平定向钻扩孔 二类土质 DN400 化学泥浆	m			1.0000	
06-3-2-4	定向钻穿越管道地面布管聚乙烯管道 公称外径 200 mm 以内	m	1.0000			
06-3-2-44	定向钻管线回拖 公称直径 200 mm 以内 化学泥浆	m	1.0150			
06-3-2-45	水平定向钻管线回拖 公称直径 300 mm 以内 化学泥浆	m		1.0150		
06-3-2-46	水平定向钻管线回拖 公称直径 400 mm 以内 化学泥浆	m			1.0150	
06-3-2-5	定向钻穿越管道地面布管聚乙烯管道 公称外径 300 mm 以内	m		1.0000		
06-3-2-6	定向钻穿越管道地面布管聚乙烯管道 公称外径 400 mm 以内	m			1.0000	

工作内容:1,2,3.地下管线复核,定向钻钻机安拆,穿越管道地面布管,聚乙烯管连接,钻导向孔,扩孔,边注浆边回拖管道,泥浆抽集,气压试验,气密性试验,管道吹扫,管道清通,气体置换。
4.热熔焊接机就位,接口组对,焊板加热,PE拖头熔接及拆卸。

定额编号			G-3-2-5	G-3-2-6	G-3-2-7	G-3-2-8
项 目			定向钻穿越(聚乙烯管)			拖头安装和拆卸PE拖管头
			管外径 200 mm 以内	管外径 315 mm 以内	管外径 400 mm 以内	
名 称		单位	m	m	m	个
人工	00150101	综合人工	工日	0.8198	0.9868	1.2357	0.4843
材料	01290102	热轧钢板 综合	kg	0.4600	0.5100	0.6300	
	02010183	橡胶板(中压)δ0.8～6	kg	0.0330	0.0400	0.0830	
	03014285	镀锌六角螺栓连母垫 M20	套	0.4416	0.6992		
	03014286	镀锌六角螺栓连母垫 M22	套			2.0424	
	03130123	电焊条 J507	kg	0.0200	0.0200	0.0200	
	03210941	导向钻刀片	片	0.0012	0.0012	0.0012	
	03211002	电链锯条	根				0.0788
	04010111	水泥 32.5级	t	0.0724	0.0724	0.0836	
	04091307	粉煤灰磨细	t	0.1452	0.1452	0.1679	
	04093102	膨润土	t	0.0430	0.0560	0.0700	
	14312301	碳酸氢钠(小苏打)	kg	0.3139	0.4010	0.4961	
	14390101	氧气	m³	0.0390	0.0390	0.0650	
	14390302	乙炔气	kg	0.0130	0.0130	0.0220	
	14390501	氮气	m³	0.1413	0.2121	0.8835	
	34110801	天然气	m³	0.1413	0.2121	0.8835	
	17250861	聚乙烯管(PE) dn200	m	1.0600			
	17250865	聚乙烯管(PE) dn315	m		1.0600		
	17250866	聚乙烯管(PE) dn400	m			1.0600	
	34110101	水	m³	0.5960	0.7201	0.8789	
	35041501	注浆管	kg	0.1050	0.1050	0.1050	
	35060011	定向钻钻杆	根	0.0131	0.0172	0.0217	
	35060211	聚乙烯拖管头 dn225	只	0.0019			
	35060212	聚乙烯拖管头 dn315	只		0.0020		0.0525
	35060213	聚乙烯拖管头 dn400	只			0.0020	0.0525

(续表)

定额编号			G-3-2-5	G-3-2-6	G-3-2-7	G-3-2-8
项目			定向钻穿越（聚乙烯管）			拖头安装和拆卸PE拖管头
			管外径200 mm以内	管外径315 mm以内	管外径400 mm以内	
名称		单位	m	m	m	个
材料	35060310 回扩器 φ250	只	0.0047	0.0047	0.0047	
	35060312 回扩器 φ350	只	0.0049	0.0049	0.0049	
	35060314 回扩器 φ450	只		0.0049	0.0049	
	35060316 回扩器 φ550	只			0.0051	
	35060611 滚轮架 小	只	0.0022	0.0025		
	35060612 滚轮架 中	只			0.0027	
	35061011 柔性吊装带	根	0.0006	0.0007	0.0008	0.0079
	80112602 化学泥浆	kg	0.4356	0.5565	0.6883	
机械	98010300 激光测量导向仪	台班	0.0353	0.0353	0.0353	
	98010320 无线控向系统	台班	0.0142	0.0142	0.0142	
	98550010 地下管线探测仪	台班	0.0132	0.0132	0.0132	
	99010060 履带式单斗液压挖掘机 1 m³	台班	0.0047	0.0059	0.0065	
	99050775 灰浆搅拌机 400L	台班	0.0015	0.0015	0.0017	
	99070520 载重汽车 4 t	台班	0.0424	0.0462	0.0620	
	99070550 载重汽车 8 t	台班		0.0031	0.0040	
	99090350 汽车式起重机 5 t	台班	0.0431	0.0530	0.0671	
	99091470 电动卷扬机单筒慢速 50 kN	台班	0.0039	0.0053	0.0061	
	99110022 工程修理车 4 t	台班	0.0083	0.0093	0.0123	
	99190760 聚乙烯专用断管机	台班		0.0010	0.0010	
	99210040 木工带锯机 φ1250	台班				0.0444
	99250010 交流弧焊机 21 kV·A	台班	0.0076	0.0076	0.0076	
	99250355 全自动热熔焊接机 SHD-250C	台班	0.0167			
	99250360 全自动热熔焊接机 SHD-400C	台班		0.0250	0.0267	0.0657
	99250370 全自动热熔焊接机 SHD-500C	台班				0.0744
	99351130 水平定向钻机 45 t以内	台班	0.0252	0.0310	0.0395	
	99430290 内燃空气压缩机 6 m³/min	台班	0.0084	0.0092	0.0104	
	99440030 电动单级离心清水泵 φ100	台班	0.0628	0.0724	0.0937	
	99440240 泥浆泵 φ50	台班	0.0028	0.0028	0.0033	
	99440670 液压注浆泵 HYB50/50-1型	台班	0.0015	0.0015	0.0017	

工作内容： 1. 电焊机就位，焊条烘干，焊口处理，钢管拖头熔接及拆卸。
2，3. 水平定向钻机场外运输费及安装、拆除。

定额编号			G-3-2-9	G-3-2-10	G-3-2-11
项　目			拖头安装和拆卸钢拖管头	定向钻钻机安装、拆除及场外运输 45 t 以内	定向钻钻机安装、拆除及场外运输 100 t 以内
			个	台·次	台·次
预算定额编号	预算定额名称	预算定额单位	数　量		
06-3-2-2	定向钻钻机安装、拆除、调试钻机系统 45 t 以内	处		1.0000	
06-3-2-21	定向钻拖头安装、拆卸钢拖头 公称直径 300 mm 以内	个	0.5000		
06-3-2-22	定向钻拖头安装、拆卸钢拖头 公称直径 500 mm 以内	个	0.5000		
06-3-2-3	定向钻钻机安装、拆除、调试钻机系统 100 t 以内	处			1.0000
06-6-7-5	水平定向钻机场外运输费 60 t 以内	台·次		1.0000	
06-6-7-6	水平定向钻机场外运输费 100 t 以内	台·次			1.0000

工作内容：1. 电焊机就位，焊条烘干，焊口处理，钢管拖头熔接及拆卸。
2，3. 水平定向钻机场外运输费及安装、拆除。

定额编号			G-3-2-9	G-3-2-10	G-3-2-11
项 目			拖头安装和拆卸钢拖管头	定向钻钻机安装、拆除及场外运输 45 t 以内	定向钻钻机安装、拆除及场外运输 100 t 以内
名 称		单位	个	台·次	台·次
人工	00150101	综合人工	工日	0.6917	5.2334	17.2704
材料	01050176	钢丝绳 φ15	m		3.8000	6.3000
	01050185	钢丝绳 φ28	m		4.0000	6.5000
	01290102	热轧钢板 综合	kg	0.3213		
	03110212	尼龙砂轮片 φ100	片	0.2011		
	03110623	铁砂布 2#	张		4.0000	10.0000
	03130123	电焊条 J507	kg	2.4343		
	03152501	镀锌铁丝	kg		5.2500	13.1250
	05030235	木板 2000×100×20	m³		0.0500	0.0500
	05031801	枕木	m³		0.0500	0.2000
	14070101	机油	kg		0.7000	2.1000
	14390101	氧气	m³	1.2673		
	14390302	乙炔气	kg	0.4406		
	17252211	刚性塑料套管 φ50	m		8.0000	10.0000
	23230312	尼龙水带 DN100	m		5.0000	6.0000
	35060112	钢拖头 φ300	只	0.0788		
	35060113	钢拖头 φ500	只	0.1050		
	35061011	柔性吊装带	根	0.0561	0.1100	0.2200
机械	35091320	路基板使用费	m²/处		5.4122	10.8246
	99070520	载重汽车 4 t	台班	0.0451		
	99070550	载重汽车 8 t	台班		0.6114	1.2227
	99090350	汽车式起重机 5 t	台班	0.0766		
	99090400	汽车式起重机 16 t	台班		1.4032	2.1047
	99250010	交流弧焊机 21 kV·A	台班	0.4474		
	99270060	电焊条烘干箱 600×500×750	台班	0.0440		
	99351130	水平定向钻机 45 t 以内	台班		0.5250	
	99351140	水平定向钻机 100 t 以内	台班			0.5250
	99910950	水平定向钻机进出场费 ≤60 t	台次		1.0000	
	99910970	水平定向钻机进出场费 ≤100 t	台次			1.0000

第三节 顶 管 工 程

说　　明

1. 本节定额包括顶管封闭式管道顶进、顶管套管内穿芯管(钢管)、封闭式管道顶进设备安拆。
2. 顶管封闭式管道顶进包括封闭式管道顶进、顶进触变泥浆减阻、泥浆置换、顶管压浆孔封拆和管道的组装焊接、防腐、无损探伤以及管道的清通试压。
3. 本节定额适用于借助顶推装置将钢制管道在地下逐节顶进的工程。
4. 本节定额适用于封闭式钢管顶管。
5. 封闭式钢管顶进定额中未包括泥浆外运费。
6. 顶管套管内穿芯管(钢管)中包括管道的组装焊接、防腐、无损探伤以及管道的清通试压和置换。
7. 顶管套管内穿芯管(钢管),若遇钢管下向焊连接时,焊条可按下向焊焊条规格调整。
8. 封闭式管道顶进设备安拆包括洞口处理、安拆顶进后座和安拆封闭式顶管设备。

工程量计算规则

1. 顶管封闭式管道顶进以"m"为计量单位。
2. 顶管套管内穿芯管(钢管)以"m"为计量单位。
3. 封闭式管道顶进设备安拆以"处"为计量单位。
4. 封闭式管道顶进长度按相邻两井(坑)壁内侧之间的长度加 0.6 m 计算。
5. 在单位工程中,封闭式顶进在 50 m 内时,顶进定额中的人工及机械数量乘以系数 1.3。

工作内容：1，2，3. 封闭式管道顶进，顶进触变泥浆减阻，泥浆置换，顶管压浆孔封拆，无损探伤，管道吹扫。
4. 检查管座，安装台车，下管铺设，接口焊接，管道外防腐，无损探伤，牵引穿管安装，气压试验，气密性试验，管道吹扫，管道清通，气体置换。

定额编号				G-3-3-1	G-3-3-2	G-3-3-3	G-3-3-4
项目				顶管封闭式管道顶进			顶管套管内穿芯管（钢管）
				公称直径 800 mm	公称直径 1 000 mm	公称直径 1 200 mm	公称直径 200 mm 以内
				m	m	m	m
预算定额编号	预算定额名称		预算定额单位	数 量			
06-2-7-20	接口外防腐 热收缩套 DN200 普通级		个				0.1670
06-2-7-28	接口外防腐 热收缩套 DN800 普通级		个	2.0000	2.0000	2.0000	
06-2-7-41	管道焊缝超声波探伤 200 mm 以内		一个口				0.1670
06-2-7-45	管道焊缝超声波探伤 800 mm 以内		一个口	2.0000	2.0000	2.0000	
06-2-7-46	管道焊缝 X 射线摄影 80×300 mm 管壁厚 16 mm 以内		张	24.0000	24.0000	24.0000	0.6670
06-2-8-17	气密性试验 公称直径 200 mm 以内		m				1.0000
06-2-8-26	管道吹扫 公称直径 200 mm 以内		m				2.0000
06-2-8-30	管道吹扫 公称直径 800 mm 以内		m	2.0000			
06-2-8-31	管道吹扫 公称直径 1 000 mm 以内		m		2.0000		
06-2-8-32	管道吹扫 公称直径 1 200 mm 以内		m			2.0000	
06-2-8-33	管道清通清管器 公称直径 300 mm 以内		m				2.0000
06-2-8-39【系】【换】	管道置换（各类气体）公称直径 200 mm 以内		m				2.0000
06-2-8-4	气压试验 公称直径 200 mm 以内		m				1.0000
06-3-3-11【换】	顶管封闭式管道顶进 DN800		10 m	0.1000			
06-3-3-12	顶管封闭式管道顶进 DN1000		10 m		0.1000		
06-3-3-13【换】	顶管封闭式管道顶进 DN1200		10 m			0.1000	
06-3-3-14	顶管 DN800 顶进触变泥浆减阻		100 m	0.0100			
06-3-3-15	顶管 DN1000 顶进触变泥浆减阻		100 m		0.0100		
06-3-3-16	顶管 DN1200 顶进触变泥浆减阻		100 m			0.0100	
06-3-3-17	顶管压浆孔封拆		孔	1.0000	1.0000	1.0000	
06-3-3-18	泥浆置换水泥浆		m³	0.5190	0.8170	1.1680	
06-3-3-19【系】	顶管套管内穿芯管 钢管公称直径 200 mm 以内		m				1.0000

工作内容：1,2,3. 封闭式管道顶进,顶进触变泥浆减阻,泥浆置换,顶管压浆孔封折,无损探伤,管道吹扫。
4. 检查管座,安装台车,下管铺设,接口焊接,管道外防腐,无损探伤,牵引穿管安装,气压试验,气密性试验,管道吹扫,管道清通,气体置换。

定 额 编 号				G-3-3-1	G-3-3-2	G-3-3-3	G-3-3-4
项 目				顶管封闭式管道顶进			顶管套管内穿芯管（钢管）
				公称直径 800 mm	公称直径 1 000 mm	公称直径 1 200 mm	公称直径 200 mm 以内
		名 称	单位	m	m	m	m
人工	00150101	综合人工	工日	11.8043	12.3404	12.7555	1.1647
材料	01130115	扁钢 50～75	kg				3.3800
	01150103	热轧型钢 综合	kg	0.6218	0.9788	1.3993	
	01210100	角钢 综合	kg	0.0148	0.0163	0.0183	
	01210102	等边角钢	kg				0.0200
	01290102	热轧钢板 综合	kg	0.1720	0.2140	0.2360	0.6298
	02010131	橡胶板 δ3	kg	0.5403	0.8505	1.2159	
	02010183	橡胶板(中压) δ0.8～6	kg	0.0336	0.0416	0.0494	0.0198
	03014101	六角螺栓连母垫	kg	0.1313	0.1442	0.1509	
	03014202	镀锌六角螺栓连母垫 M16×100	kg				0.2260
	03014285	镀锌六角螺栓连母垫 M20	套				0.2928
	03014289	镀锌六角螺栓连母垫 M30	套	0.0354	0.0410		
	03014291	镀锌六角螺栓连母垫 M36	套			0.0468	
	03110212	尼龙砂轮片 φ100	片	0.2475	0.2720	0.3248	0.0250
	03110262	钢丝砂轮片 φ150	片	3.4286	3.4286	3.4286	0.2000
	03130123	电焊条 J507	kg	1.7792	1.9530	2.3377	0.3257
	04010612	普通硅酸盐水泥 P·O42.5级	t	0.0827	0.1301	0.1861	
	04093101	膨润土	kg	47.1133	64.4527	80.0925	
	13172401	羧甲基纤维素(化学浆糊)	kg	3.9935	4.9919	5.5264	
	14030401	柴油	kg				0.3588
	14070101	机油	kg	3.4527	3.7693	3.9304	0.0054
	14310731	硫代硫酸钠	g	496.8000	496.8000	496.8000	13.8028
	14312510	纯碱	t	0.0120	0.0150	0.0166	
	14351801	耦合剂	kg	1.3406	1.3406	1.3406	0.1422
	14354101	微沫剂	kg	0.0602	0.0948	0.1355	
	14390101	氧气	m³	6.2269	6.2321	6.2373	0.1423
	14390302	乙炔气	kg	2.0734	2.0750	2.0768	0.1505

(续表)

定额编号			G-3-3-1	G-3-3-2	G-3-3-3	G-3-3-4
项 目			顶管封闭式管道顶进			顶管套管内穿芯管（钢管）
			公称直径 800 mm	公称直径 1 000 mm	公称直径 1 200 mm	公称直径 200 mm 以内
名 称		单位	m	m	m	m
材料	14390501	氮气	m³				0.1410
	14414001	热熔胶	kg	1.0000	1.0000	1.0000	0.0835
	16110212	X光透视用铅板 80×300	块	0.9120	0.9120	0.9120	0.0253
	16110312	X光软胶片 80×300	张	28.8000	28.8000	28.8000	0.8004
	16110711	增感纸 80×300	张	1.2000	1.2000	1.2000	0.0333
	17010869	燃气直缝焊接钢管 φ219×8	m				1.0150
	17010887	钢管 D820×10	m	0.9145			
	17010889	钢管 D1020×12	m		1.0050		
	17010891	钢管 D1220×12	m			1.0050	
	17070111	无缝钢管	kg	0.4199	0.4614	0.4826	
	17070279	无缝钢管 D57×4	m				0.0040
	17270315	高压橡胶管 φ150	m	0.0062	0.0098	0.0140	
	18035316	镀锌外接头 DN50	个	1.0000	1.0000	1.0000	
	18151616	镀锌管堵 DN50	个	1.0000	1.0000	1.0000	
	18293035	热收缩套 DN200	个				0.1754
	18293043	热收缩套 DN800	个	2.1000	2.1000	2.1000	
	19010017	螺纹阀门 DN50	只				0.0040
	20010211	平焊钢法兰 DN50	片				0.0160
	24110112	压力表 0～2.5 MPa	套				0.0004
	27170510	自粘性橡胶绝缘胶带	m	14.6400	14.6400	14.6400	0.4069
	28110217	护套电力电缆 VV-500V3×70+1×2	m	0.0150	0.0150	0.0150	
	28115566	橡套电缆 YHC3×16+1×6	m	0.0150	0.0150	0.0150	
	28115567	橡套电缆 YHC3×50+1×6	m	0.0150	0.0150	0.0150	
	28431001	探头线	根	0.0032	0.0032	0.0032	0.0001
	34110101	水	m³	0.1538	0.1922	0.2128	
	34110301	电	kW·h	33.6192	36.9442	39.9109	
	34110801	天然气	m³				0.1410
	35060411	清通器 DN300	只				0.0004
	35060511	滚轮 DN200	套				0.1000

(续表)

	定 额 编 号		G-3-3-1	G-3-3-2	G-3-3-3	G-3-3-4
	项 目		顶管封闭式管道顶进			顶管套管内穿芯管（钢管）
			公称直径 800 mm	公称直径 1 000 mm	公称直径 1 200 mm	公称直径 200 mm 以内
	名 称	单位	m	m	m	m
机械	98430432 红外线测温仪（SMART）	台班	0.0600	0.0600	0.0600	0.0050
	99050780 挤压式灰浆搅拌机 200L	台班	0.1112	0.1749	0.2502	
	99070530 载重汽车 5 t	台班				0.0060
	99070560 载重汽车 10 t	台班				0.0040
	99090350 汽车式起重机 5 t	台班				0.0119
	99090390 汽车式起重机 12 t	台班	0.0927	0.1018	0.1065	0.0040
	99090650 叉式起重机 6 t	台班	0.0273	0.0300	0.0313	
	99091470 电动卷扬机单筒慢速 50 kN	台班				0.0130
	99110022 工程修理车 4 t	台班	1.8600	1.8600	1.8600	0.0451
	99250010 交流弧焊机 21 kV·A	台班	0.1967	0.2442	0.2876	0.0702
	99270060 电焊条烘干箱 600×500×750	台班	0.0241	0.0284	0.0326	0.0060
	99290010 X光胶片脱水烘干机 ZTH-340	台班	0.2112	0.2112	0.2112	0.0059
	99290020 超声波探伤机 CTS-22	台班	0.2636	0.2636	0.2636	0.0088
	99290050 X光探伤机 2005	台班	3.0360	3.0360	3.0360	0.0844
	99350590 泥浆制作循环设备	台班	0.0633	0.0792	0.0819	
	99350782 封闭式钢管顶管设备 φ800	台班	0.1187			
	99350784 封闭式钢管顶管设备 φ1000	台班		0.1198		
	99350786 封闭式钢管顶管设备 φ1200	台班			0.1253	
	99430230 电动空气压缩机 6 m³/min	台班	0.0811	0.1014	0.1124	
	99430290 内燃空气压缩机 6 m³/min	台班	0.0030	0.0036	0.0038	0.0054
	99430420 油泵车	台班	0.0958	0.1198	0.1253	
	99440010 电动单级离心清水泵 φ50	台班	0.1860	0.1860	0.1860	0.0072
	99440150 电动多级离心清水泵 φ150×180 m 以下	台班	0.1917	0.2396	0.2506	
	99440330 潜水泵 φ100	台班	0.0511	0.0639	0.0668	
	99440670 液压注浆泵 HYB50/50-1 型	台班	0.1112	0.1749	0.2502	

工作内容：检查管座，安装台车，下管铺设，接口焊接，管道外防腐，无损探伤，牵引穿管安装，气压试验，气密性试验，管道吹扫，管道清通，气体置换。

定额编号			G-3-3-5	G-3-3-6	G-3-3-7	G-3-3-8
项 目			顶管套管内穿芯管(钢管)			
			公称直径 300 mm 以内	公称直径 500 mm 以内	公称直径 700 mm 以内	公称直径 800 mm 以内
			m	m	m	m
预算定额编号	预算定额名称	预算定额单位	数 量			
06-2-7-22	接口外防腐 热收缩套 DN300 普通级	个	0.1670			
06-2-7-24	接口外防腐 热收缩套 DN500 普通级	个		0.1670		
06-2-7-26	接口外防腐 热收缩套 DN700 普通级	个			0.1670	
06-2-7-28	接口外防腐 热收缩套 DN800 普通级	个				0.1670
06-2-7-42	管道焊缝超声波探伤 300 mm 以内	一个口	0.1670			
06-2-7-43	管道焊缝超声波探伤 500 mm 以内	一个口		0.1670		
06-2-7-44	管道焊缝超声波探伤 700 mm 以内	一个口			0.1670	
06-2-7-45	管道焊缝超声波探伤 800 mm 以内	一个口				0.1670
06-2-7-46	管道焊缝 X 射线摄影 80× 300 mm 管壁厚 16 mm 以内	张	1.0000	1.3340	2.0000	2.0000
06-2-8-18	气密性试验 公称直径 300 mm 以内	m	1.0000			
06-2-8-19	气密性试验 公称直径 500 mm 以内	m		1.0000		
06-2-8-20	气密性试验 公称直径 700 mm 以内	m			1.0000	
06-2-8-21	气密性试验 公称直径 800 mm 以内	m				1.0000
06-2-8-27	管道吹扫 公称直径 300 mm 以内	m	2.0000			
06-2-8-28	管道吹扫 公称直径 500 mm 以内	m		2.0000		
06-2-8-29	管道吹扫 公称直径 700 mm 以内	m			2.0000	

(续表)

定额编号			G-3-3-5	G-3-3-6	G-3-3-7	G-3-3-8
项目			顶管套管内穿芯管（钢管）			
			公称直径 300 mm 以内	公称直径 500 mm 以内	公称直径 700 mm 以内	公称直径 800 mm 以内
			m	m	m	m
预算定额编号	预算定额名称	预算定额单位	数量			
06-2-8-30	管道吹扫 公称直径 800 mm 以内	m				2.0000
06-2-8-33	管道清通清管器 公称直径 300 mm 以内	m	2.0000			
06-2-8-34	管道清通清管器 公称直径 500 mm 以内	m		2.0000		
06-2-8-35	管道清通清管器 公称直径 800 mm 以内	m			2.0000	2.0000
06-2-8-40【系】【换】	管道置换（各类气体）公称直径 300 mm 以内	m	2.0000			
06-2-8-41【系】【换】	管道置换（各类气体）公称直径 500 mm 以内	m		2.0000		
06-2-8-42【系】【换】	管道置换（各类气体）公称直径 700 mm 以内	m			2.0000	
06-2-8-43【系】【换】	管道置换（各类气体）公称直径 800 mm 以内	m				2.0000
06-2-8-5	气压试验 公称直径 300 mm 以内	m	1.0000			
06-2-8-6	气压试验 公称直径 500 mm 以内	m		1.0000		
06-2-8-7	气压试验 公称直径 700 mm 以内	m			1.0000	
06-2-8-8	气压试验 公称直径 800 mm 以内	m				1.0000
06-3-3-20【系】	顶管套管内穿芯管 钢管公称直径 300 mm 以内	m	1.0000			
06-3-3-21【系】	顶管套管内穿芯管 钢管公称直径 500 mm 以内	m		1.0000		
06-3-3-22【系】	顶管套管内穿芯管 钢管公称直径 700 mm 以内	m			1.0000	
06-3-3-23【系】	顶管套管内穿芯管 钢管公称直径 800 mm 以内	m				1.0000

工作内容：检查管座,安装台车,下管铺设,接口焊接,管道外防腐,无损探伤,牵引穿管安装,气压试验,气密性试验,管道吹扫,管道清通,气体置换。

	定 额 编 号			G-3-3-5	G-3-3-6	G-3-3-7	G-3-3-8
				顶管套管内穿芯管（钢管）			
	项 目			公称直径 300 mm 以内	公称直径 500 mm 以内	公称直径 700 mm 以内	公称直径 800 mm 以内
	名 称		单位	m	m	m	m
人工	00150101	综合人工	工日	1.5518	2.8286	4.9576	6.0337
材料	01130115	扁钢 50～75	kg	4.4210	6.5620	8.5610	9.6160
	01210102	等边角钢	kg	0.0200	0.0370	0.0500	0.0590
	01290102	热轧钢板 综合	kg	0.6688	0.9436	1.3500	1.3980
	02010183	橡胶板(中压)δ0.8～6	kg	0.0240	0.0498	0.0906	0.1008
	03014202	镀锌六角螺栓连母垫 M16×100	kg	0.2260	0.2410	0.2520	0.2610
	03014285	镀锌六角螺栓连母垫 M20	套	0.4636			
	03014286	镀锌六角螺栓连母垫 M22	套		1.3542		
	03014288	镀锌六角螺栓连母垫 M27	套			2.0374	
	03014289	镀锌六角螺栓连母垫 M30	套				2.1594
	03110212	尼龙砂轮片 φ100	片	0.0370	0.0590	0.0820	0.0930
	03110262	钢丝砂轮片 φ150	片	0.2505	0.2004	0.2505	0.2863
	03130123	电焊条 J507	kg	0.4814	0.9382	1.2865	1.4638
	14030401	柴油	kg	0.3588	0.4622	0.7220	0.7220
	14070101	机油	kg	0.0109	0.0168	0.0197	0.0210
	14310731	硫代硫酸钠	g	20.7000	27.6138	41.4083	41.4000
	14351801	耦合剂	kg	0.0593	0.0889	0.1049	0.1119
	14390101	氧气	m³	0.1769	0.5369	0.6728	0.7520
	14390302	乙炔气	kg	0.1857	0.2556	0.2869	0.299
	14390501	氮气	m³	0.2120	0.8840	1.7320	2.2620
	14414001	热熔胶	kg	0.0835	0.0835	0.0835	0.0835
	16110212	X光透视用铅板 80×300	块	0.0380	0.0507	0.0760	0.0760
	16110312	X光软胶片 80×300	张	1.2000	1.6008	2.4000	2.4000
	16110711	增感纸 80×300	张	0.0500	0.0667	0.1000	0.1000
	17010871	钢管 D325×8	m	1.0150			
	17010877	钢管 D529×10	m		1.0150		
	17010879	钢管 D720×10	m			1.0150	
	17010887	钢管 D820×10	m				1.0150
	17070279	无缝钢管 D57×4	m	0.0040	0.0040	0.0040	0.0040
	18293037	热收缩套 DN300	个	0.1754			

(续表)

定额编号			G-3-3-5	G-3-3-6	G-3-3-7	G-3-3-8
项目			顶管套管内穿芯管（钢管）			
			公称直径 300 mm 以内	公称直径 500 mm 以内	公称直径 700 mm 以内	公称直径 800 mm 以内
	名 称	单位	m	m	m	m
材料	18293039	热收缩套 DN500	个		0.1754		
	18293041	热收缩套 DN700	个			0.1754	
	18293043	热收缩套 DN800	个				0.1754
	19010017	螺纹阀门 DN50	只	0.0040	0.0040	0.0040	0.0040
	20010211	平焊钢法兰 DN50	片	0.0160	0.0160	0.0160	0.0160
	24110112	压力表 0~2.5 MPa	套	0.0004	0.0004	0.0004	0.0004
	27170510	自粘性橡胶绝缘胶带	m	0.6100	0.8137	1.2200	1.2200
	28431001	探头线	根	0.0002	0.0002	0.0003	0.0003
	34110801	天然气	m³	0.2120	0.8840	1.7320	2.2620
	35060411	清通器 DN300	只	0.0004			
	35060421	清通器 DN500	只		0.0004		
	35060431	清通器 DN800	只			0.0004	0.0004
	35060512	滚轮 DN300	套	0.1000			
	35060514	滚轮 DN500	套		0.1000		
	35060516	滚轮 DN700	套			0.1000	
	35060517	滚轮 DN800	套				0.1000
机械	98430432	红外线测温仪（SMART）	台班	0.0050	0.0050	0.0050	0.0050
	99070530	载重汽车 5 t	台班	0.0080	0.0140	0.0114	0.0170
	99070560	载重汽车 10 t	台班	0.0040	0.0040	0.0040	0.0040
	99090350	汽车式起重机 5 t	台班	0.0162	0.0311	0.0390	0.0400
	99090390	汽车式起重机 12 t	台班	0.0040	0.0040	0.0040	0.0040
	99091470	电动卷扬机单筒慢速 50 kN	台班	0.0191	0.0430	0.0670	0.0790
	99110022	工程修理车 4 t	台班	0.0639	0.1059	0.1453	0.1653
	99250010	交流弧焊机 21 kV·A	台班	0.0988	0.1597	0.2142	0.2443
	99270060	电焊条烘干箱 600×500×750	台班	0.0093	0.0180	0.0250	0.0285
	99290010	X 光胶片脱水烘干机 ZTH-340	台班	0.0088	0.0117	0.0176	0.0176
	99290020	超声波探伤机 CTS-22	台班	0.0136	0.0176	0.0206	0.0220
	99290050	X 光探伤机 2005	台班	0.1265	0.1688	0.2530	0.2530
	99430290	内燃空气压缩机 6 m³/min	台班	0.0058	0.0052	0.0060	0.0064
	99430320	内燃空气压缩机 17 m³/min	台班		0.0030	0.0072	0.0072
	99440010	电动单级离心清水泵 φ50	台班	0.0087	0.0100	0.0135	0.0155

工作内容： 顶管洞口处理，安拆钢筋混凝土后座，安拆封闭式顶管设备。

定额编号			G-3-3-9	G-3-3-10	G-3-3-11
项 目			封闭式管道顶进设备安拆		
			DN800	DN1000	DN1200
			处	处	处
预算定额编号	预算定额名称	预算定额单位	数量		
06-3-3-1	顶管洞口处理 钢板桩基坑洞口 DN800	个	1.0000		
06-3-3-10	安拆DN1200封闭式顶管设备	套			1.0000
06-3-3-2	顶管洞口处理 钢板桩基坑洞口 DN1000	个		1.0000	
06-3-3-3	顶管洞口处理 钢板桩基坑洞口 DN1200	个			1.0000
06-3-3-7	安拆钢筋混凝土后座	m³	0.5000	0.5000	0.5000
06-3-3-8	安拆DN800封闭式顶管设备	套	1.0000		
06-3-3-9	安拆DN1000封闭式顶管设备	套		1.0000	

工作内容： 顶管洞口处理，安拆钢筋混凝土后座，安拆封闭式顶管设备。

定额编号				G-3-3-9	G-3-3-10	G-3-3-11
项 目				封闭式管道顶进设备安拆		
				DN800	DN1000	DN1200
	名 称		单位	处	处	处
人工	00150101	综合人工	工日	43.7593	53.4774	55.9102
材料	01010213	热轧带肋钢筋（HRB400）φ≤10	kg	0.4937	0.4937	0.4937
	01010412	热轧光圆钢筋（HPB300）φ>10	t	0.0145	0.0145	0.0145
	01190202	热轧槽钢 综合	kg	748.8700	783.2000	819.1000
	01290101	热轧钢板 综合	t	0.0092	0.0092	0.0092
	01290102	热轧钢板 综合	kg	166.4690	177.4936	185.8762
	02090101	塑料薄膜	m²	0.2150	0.2150	0.2150
	03130123	电焊条 J507	kg	29.9401	31.3114	32.7455
	03150101	圆钉	kg	0.2362	0.2362	0.2362
	03150501	骑马钉	kg	0.0479	0.0479	0.0479
	03152501	镀锌铁丝	kg	0.0473	0.0473	0.0473
	03211101	风镐凿子	根	0.3000	0.3000	0.3000
	05031801	枕木	m³	0.0050	0.0050	0.0050
	13370160	洞口止水环（钢管用）DN800	套	0.8000		
	13370161	洞口止水环（钢管用）DN1000	套		0.8000	
	13370162	洞口止水环（钢管用）DN1200	套			0.9000

(续表)

定额编号			G-3-3-9	G-3-3-10	G-3-3-11
项目			封闭式管道顶进设备安拆		
			DN800	DN1000	DN1200
名称		单位	处	处	处
材料	14390111	氧气 纯度98.5%	m³	34.7851	36.3782	38.0443
	14390312	乙炔气 纯度97.5%	kg	11.5950	12.1260	12.6814
	17010102	焊接钢管	kg	63.0000	63.0000	63.0000
	34110101	水	m³	0.0036	0.0036	0.0036
	34110301	电	kW·h	249.7908	312.2385	331.8868
	35010703	木模板成材	m³	0.0080	0.0080	0.0080
	35091731	铁撑板	t	0.0025	0.0025	0.0025
	80210514	预拌混凝土(非泵送型) C20 粒径5~20	m³	0.5050	0.5050	0.5050
机械	99050930	混凝土振捣器 插入式	台班	0.0683	0.0683	0.0683
	99070520	载重汽车 4 t	台班	0.1535	0.1918	0.2031
	99070550	载重汽车 8 t	台班	0.1035	0.1035	0.1035
	99090360	汽车式起重机 8 t	台班	3.3425	3.5308	3.5421
	99090400	汽车式起重机 16 t	台班	1.0500	1.1850	1.0500
	99170030	钢筋切断机 φ40	台班	0.0008	0.0008	0.0008
	99170050	钢筋弯曲机 φ40	台班	0.0008	0.0008	0.0008
	99250010	交流弧焊机 21 kV·A	台班	3.8342	4.7927	5.2308
	99330010	风镐	台班	0.1732	0.1732	0.1732
	99350782	封闭式钢管顶管设备 φ800	台班	3.1111		
	99350784	封闭式钢管顶管设备 φ1000	台班		3.1874	
	99350786	封闭式钢管顶管设备 φ1200	台班			3.2655
	99430220	电动空气压缩机 3 m³/min	台班	0.0656	0.0656	0.0656
	99430230	电动空气压缩机 6 m³/min	台班	0.1732	0.1732	0.1732
	99430420	油泵车	台班	0.2625	0.2625	0.2625
	99440150	电动多级离心清水泵 φ150×180 m 以下	台班	0.2625	0.2625	0.2625
	99440330	潜水泵 φ100	台班	0.1313	0.1313	0.1313

第四节 旧管道内穿管工程

说　明

1. 本节定额包括旧管道内穿芯管(聚乙烯管)、旧管道内穿芯管(钢管)、穿管聚乙烯拖头安装、拆除和穿管钢拖头安装、拆除。
2. 旧管道内穿芯管内容包括旧管道的清通、吹扫、穿管拖头的安拆、旧管道内穿芯管、管道的组装焊接、防腐、无损探伤以及管道的清通试压和气体置换。
3. 本节定额旧管道清通按CCTV管内探测器探测工艺考虑。
4. 旧管道内穿芯管若采用不同拖管机械时,可按实调整。
5. 旧管道内穿芯管若在实际施工时无法使用保护环,可按设计要求采用其他保护措施。
6. 穿管拖头安装和拆卸已按不同口径综合考虑。

工程量计算规则

1. 旧管道内穿芯管以"m"为计量单位。
2. 穿管拖头安装、拆除以"次"为计量单位。

工作内容：旧管道清通，旧管道吹扫，旧管道内穿芯管（聚乙烯管），气压试验，气密性试验，管道吹扫，气体置换。

定额编号			G-3-4-1	G-3-4-2	G-3-4-3	G-3-4-4
项 目			旧管道内穿芯管（聚乙烯管）			
			管外径 110 mm 以内	管外径 160 mm 以内	管外径 200 mm 以内	管外径 250 mm 以内
			m	m	m	m
预算定额编号	预算定额名称	预算定额单位	数 量			
06-2-8-15	气密性试验 公称直径 100 mm 以内	m	1.0000			
06-2-8-16	气密性试验 公称直径 150 mm 以内	m		1.0000		
06-2-8-17	气密性试验 公称直径 200 mm 以内	m			1.0000	
06-2-8-18	气密性试验 公称直径 300 mm 以内	m				1.0000
06-2-8-2	气压试验 公称直径 100 mm 以内	m	1.0000			
06-2-8-24	管道吹扫 公称直径 100 mm 以内	m	2.0000			
06-2-8-25	管道吹扫 公称直径 150 mm 以内	m		2.0000		
06-2-8-26	管道吹扫 公称直径 200 mm 以内	m			2.0000	
06-2-8-27	管道吹扫 公称直径 300 mm 以内	m				2.0000
06-2-8-3	气压试验 公称直径 150 mm 以内	m		1.0000		
06-2-8-37【系】【换】	管道置换（各类气体）公称直径 100 mm 以内	m	2.0000			
06-2-8-38【系】【换】	管道置换（各类气体）公称直径 150 mm 以内	m		2.0000		
06-2-8-39【系】【换】	管道置换（各类气体）公称直径 200 mm 以内	m			2.0000	
06-2-8-4	气压试验 公称直径 200 mm 以内	m			1.0000	
06-2-8-40【系】【换】	管道置换（各类气体）公称直径 300 mm 以内	m				2.0000
06-2-8-5	气压试验 公称直径 300 mm 以内	m				1.0000
06-3-4-1	旧管道清通 公称直径 200 mm 以内	m	2.0000			

(续表)

定 额 编 号			G-3-4-1	G-3-4-2	G-3-4-3	G-3-4-4
项 目			旧管道内穿芯管（聚乙烯管）			
			管外径 110 mm 以内	管外径 160 mm 以内	管外径 200 mm 以内	管外径 250 mm 以内
			m	m	m	m
预算定额编号	预算定额名称	预算定额单位	数 量			
06-3-4-10	旧管道内穿芯管 聚乙烯管 管外径 160 mm 以内	m		1.0000		
06-3-4-11	旧管道内穿芯管 聚乙烯管 管外径 200 mm 以内	m			1.0000	
06-3-4-12	旧管道内穿芯管 聚乙烯管 管外径 250 mm 以内	m				1.0000
06-3-4-2	旧管道清通 公称直径 300 mm 以内	m		2.0000		
06-3-4-3	旧管道清通 公称直径 500 mm 以内	m			2.0000	2.0000
06-3-4-5	旧管道吹扫 公称直径 200 mm 以内	m	2.0000			
06-3-4-6	旧管道吹扫 公称直径 300 mm 以内	m		2.0000		
06-3-4-7	旧管道吹扫 公称直径 500 mm 以内	m			2.0000	2.0000
06-3-4-9	旧管道内穿芯管 聚乙烯管 管外径 110 mm 以内	m	1.0000			

工作内容：旧管道清通，旧管道吹扫，旧管道内穿芯管（聚乙烯管），气压试验，气密性试验，管道吹扫，气体置换。

定 额 编 号			G-3-4-1	G-3-4-2	G-3-4-3	G-3-4-4
项 目			旧管道内穿芯管（聚乙烯管）			
			管外径 110 mm 以内	管外径 160 mm 以内	管外径 200 mm 以内	管外径 250 mm 以内
	名 称	单位	m	m	m	m
人工	00150101 综合人工	工日	0.4665	0.5442	0.6510	0.7020
材料	01290102 热轧钢板 综合	kg	0.2460	0.2610	0.2760	0.3060
	01290317 热轧钢板（中厚板）δ8～18	kg	0.0920	0.1020	0.1260	0.1260
	02010183 橡胶板（中压）δ0.8～6	kg	0.0172	0.0230	0.0364	0.0406
	02190202 尼龙绳	m	0.0646	0.0714	0.0780	0.0780
	02290401 麻袋	只	0.0760	0.0840	0.0950	0.0950

(续表)

	定额编号			G-3-4-1	G-3-4-2	G-3-4-3	G-3-4-4
	项 目			旧管道内穿芯管（聚乙烯管）			
				管外径 110 mm 以内	管外径 160 mm 以内	管外径 200 mm 以内	管外径 250 mm 以内
		名 称	单位	m	m	m	m
材料	03014283	镀锌六角螺栓连母垫 M16	套	0.1830			
	03014285	镀锌六角螺栓连母垫 M20	套	0.1440	0.4720	0.2928	0.4636
	03014286	镀锌六角螺栓连母垫 M22	套			0.6660	0.6660
	03130123	电焊条 J507	kg	0.0160	0.0160	0.0160	0.0160
	14070101	机油	kg	0.0950	0.1260	0.1520	0.1520
	14390101	氧气	m³	0.0226	0.0276	0.0364	0.0364
	14390302	乙炔气	kg	0.0076	0.0092	0.0122	0.0122
	14390501	氮气	m³	0.0354	0.0795	0.1413	0.2121
	17250859	聚乙烯管（PE）dn110	m	1.0600			
	17250860	聚乙烯管（PE）dn 160	m		1.0600		
	17250861	聚乙烯管（PE）dn200	m			1.0600	
	17250863	聚乙烯管（PE）dn250	m				1.0600
	18096719	聚乙烯管保护环（PE）dn110	只	1.2500			
	18096720	聚乙烯管保护环（PE）dn160	只		1.0000		
	18096721	聚乙烯管保护环（PE）dn200	只			0.5882	
	18096722	聚乙烯管保护环（PE）dn250	只				0.5263
	34110801	天然气	m³	0.0354	0.0795	0.1413	0.2121
	35060811	管道发送架	只	0.0020	0.0020	0.0020	0.0025
机械	98550210	管内探测器	台班	0.0114	0.0114	0.0114	0.0114
	99070550	载重汽车 8 t	台班	0.0114	0.0114	0.0228	0.0228
	99090350	汽车式起重机 5 t	台班	0.0070	0.0088	0.0110	0.0150
	99090380	汽车式起重机 10 t	台班	0.0060	0.0114	0.0342	0.0342
	99091470	电动卷扬机单筒慢速 50 kN	台班	0.0046	0.0058	0.0073	0.0084
	99091530	电动卷扬机双筒慢速 50 kN	台班	0.0116	0.0116	0.0184	0.0184
	99110022	工程修理车 4 t	台班	0.0114	0.0114	0.0164	0.0174
	99150160	钢丝清通器	台班	0.0012	0.0012	0.0022	0.0022
	99150170	拉爬清通器	台班	0.0006	0.0006	0.0010	0.0010
	99250010	交流弧焊机 21 kV·A	台班	0.0062	0.0062	0.0062	0.0062
	99250310	全自动热熔焊接机 SH-110C	台班	0.0055			
	99250320	全自动热熔焊接机 160	台班		0.0077		
	99250340	全自动热熔焊接机 250	台班			0.0110	0.0132
	99430080	柴油发电机 30 kW	台班	0.0228	0.0228	0.0286	0.0286
	99430290	内燃空气压缩机 6 m³/min	台班	0.0069	0.0075	0.0075	0.0079
	99440010	电动单级离心清水泵 φ50	台班	0.0228	0.0228	0.0286	0.0286
	99450810	钢丝滑轮架	台班	0.0004	0.0004	0.0006	0.0006

工作内容: 1,2. 旧管道清通,旧管道吹扫,旧管道内穿芯管(聚乙烯管),气压试验,气密性试验,管道吹扫,气体置换。

3,4. 旧管道清通,旧管道吹扫,旧管道内穿芯管(钢管),管道外防腐,无损探伤,气压试验,气密性试验,管道吹扫,气体置换。

定额编号			G-3-4-5	G-3-4-6	G-3-4-7	G-3-4-8
项目			旧管道内穿芯管(聚乙烯管)		旧管道内穿芯管(钢管)	
			管外径 315 mm 以内	管外径 400 mm 以内	公称直径 300 mm 以内	公称直径 500 mm 以内
			m	m	m	m
预算定额编号	预算定额名称	预算定额单位	数 量			
06-2-7-22	接口外防腐 热收缩套 DN300 普通级	个			0.1670	
06-2-7-24	接口外防腐 热收缩套 DN500 普通级	个				0.1670
06-2-7-42	管道焊缝超声波探伤 300 mm 以内 管壁厚 16 mm 以内	一个口			0.1670	
06-2-7-43	管道焊缝超声波探伤 500 mm 以内	一个口				0.1670
06-2-7-46	管道焊缝 X 射线摄影 80×300 mm 管壁厚 16 mm 以内	张			1.0200	1.3600
06-2-8-18	气密性试验 公称直径 300 mm 以内	m	1.0000		1.0000	
06-2-8-19	气密性试验 公称直径 500 mm 以内	m		1.0000		1.0000
06-2-8-27	管道吹扫 公称直径 300 mm 以内	m	2.0000		2.0000	
06-2-8-28	管道吹扫 公称直径 500 mm 以内	m		2.0000		2.0000
06-2-8-33	管道清通清管器 公称直径 300 mm 以内	m			2.0000	
06-2-8-34	管道清通清管器 公称直径 500 mm 以内	m				2.0000
06-2-8-40【系】【换】	管道置换(各类气体) 公称直径 300 mm 以内	m	2.0000		2.0000	
06-2-8-41【系】【换】	管道置换(各类气体) 公称直径 500 mm 以内	m		2.0000		2.0000
06-2-8-5	气压试验 公称直径 300 mm 以内	m	1.0000		1.0000	
06-2-8-6	气压试验 公称直径 500 mm 以内	m		1.0000		1.0000
06-3-3-20	顶管套管内穿芯管 钢管公称直径 300 mm 以内	m			1.0000	
06-3-3-21	顶管套管内穿芯管 钢管公称直径 500 mm 以内	m				1.0000
06-3-4-13	旧管道内穿芯管 聚乙烯管 管外径 315 mm 以内	m	1.0000			
06-3-4-14	旧管道内穿芯管 聚乙烯管 管外径 400 mm 以内	m		1.0000		
06-3-4-3	旧管道清通 公称直径 500 mm 以内	m			2.0000	
06-3-4-4	旧管道清通 公称直径 700 mm 以内	m	2.0000	2.0000		2.0000
06-3-4-7	旧管道吹扫 公称直径 500 mm 以内	m			2.0000	
06-3-4-8	旧管道吹扫 公称直径 700 mm 以内	m	2.0000	2.0000		2.0000

工作内容: 1,2. 旧管道清通,旧管道吹扫,旧管道内穿芯管(聚乙烯管),气压试验,气密性试验,管道吹扫,气体置换。

3,4. 旧管道清通,旧管道吹扫,旧管道内穿芯管(钢管),管道外防腐,无损探伤,气压试验,气密性试验,管道吹扫,气体置换。

	定额编号		G-3-4-5	G-3-4-6	G-3-4-7	G-3-4-8
			旧管道内穿芯管(聚乙烯管)		旧管道内穿芯管(钢管)	
	项 目		管外径 315 mm 以内	管外径 400 mm 以内	公称直径 300 mm 以内	公称直径 500 mm 以内
	名 称	单位	m	m	m	m
人工	00150101 综合人工	工日	0.7837	0.8939	1.6216	2.718
材料	01130115 扁钢 50~75	kg			4.4210	6.5620
	01210102 等边角钢	kg			0.0200	0.0370
	01290102 热轧钢板 综合	kg	0.3060	0.3780	0.6688	0.9436
	01290317 热轧钢板(中厚板)δ8~18	kg	0.1560	0.1560	0.1260	0.1560
	02010183 橡胶板(中压)δ0.8~6	kg	0.3260	0.3518	0.0406	0.3518
	02190202 尼龙绳	m	0.1156	0.1156	0.0780	0.1156
	02290401 麻袋	只	0.1680	0.1680	0.0950	0.1680
	03014202 镀锌六角螺栓连母垫 M16×100	kg			0.2260	0.2410
	03014285 镀锌六角螺栓连母垫 M20	套	0.4636		0.4636	
	03014286 镀锌六角螺栓连母垫 M22	套		1.3542	0.6660	1.3542
	03014288 镀锌六角螺栓连母垫 M27	套	1.0020	1.0020		1.0020
	03110212 尼龙砂轮片 φ100	片			0.0370	0.0590
	03110262 钢丝砂轮片 φ150	片			0.2505	0.2000
	03130123 电焊条 J507	kg	0.0180	0.0180	0.4854	0.9442
	14030401 柴油	kg			0.3588	0.4622
	14070101 机油	kg	0.2100	0.2100	0.1629	0.2267
	14310731 硫代硫酸钠	g			21.1140	28.1520
	14351801 耦合剂	kg			0.0593	0.0889
	14390101 氧气	m³	0.0416	0.0572	0.1897	0.5544
	14390302 乙炔气	kg	0.0138	0.0192	0.2528	0.5962
	14390501 氮气	m³	0.2121	0.8835	0.2121	0.8835
	14414001 热熔胶	kg	0.0833	0.0833		
	16110212 X光透视用铅板 80×300	块			0.0388	0.0517
	16110312 X光软胶片 80×300	张			1.2240	1.6320
	16110711 增感纸 80×300	张			0.0510	0.0680
	17010871 钢管 D325×8	m			1.0150	
	17010877 钢管 D529×10	m				1.0150
	17070279 无缝钢管 D57×4	m			0.0040	0.0040
	17250865 聚乙烯管(PE)dn315	m	1.0600			
	17250866 聚乙烯管(PE)dn400	m		1.0600		
	18096723 聚乙烯管保护环(PE)dn315	只	0.2857			
	18096724 聚乙烯管保护环(PE)dn400	只		0.2564		

(续表)

定额编号			G-3-4-5	G-3-4-6	G-3-4-7	G-3-4-8
项　目			旧管道内穿芯管（聚乙烯管）		旧管道内穿芯管（钢管）	
			管外径 315 mm 以内	管外径 400 mm 以内	公称直径 300 mm 以内	公称直径 500 mm 以内
名　称		单位	m	m	m	m
材料	18293037 热收缩套 DN300	个			0.1750	
	18293039 热收缩套 DN500	个				0.1754
	19010017 螺纹阀门 DN50	只			0.0040	0.0040
	20010211 平焊钢法兰 DN50	片			0.0160	0.0160
	24110112 压力表 0～2.5 MPa	套			0.0004	0.0004
	27170510 自粘性橡胶绝缘胶带	m			0.6222	0.8296
	28431001 探头线	根			0.0002	0.0002
	34110801 天然气	m³	0.2121	0.8835	0.2121	0.8835
	35060411 清通器 DN300	只			0.0004	
	35060421 清通器 DN500	只				0.0004
	35060512 滚轮 DN300	套			0.1000	
	35060514 滚轮 DN500	套				0.1000
	35060811 管道发送架	只	0.0025	0.0027		
机械	98430432 红外线测温仪（SMART）	台班			0.0050	0.0050
	98550210 管内探测器	台班	0.0114	0.0114	0.0114	0.0114
	99070530 载重汽车 5 t	台班			0.0067	0.0115
	99070550 载重汽车 8 t	台班	0.0342	0.0342	0.0228	0.0342
	99070560 载重汽车 10 t	台班			0.0040	0.0040
	99090350 汽车式起重机 5 t	台班	0.0187	0.0241	0.0162	0.0249
	99090380 汽车式起重机 10 t	台班	0.0572	0.0572	0.0342	0.0572
	99090390 汽车式起重机 12 t	台班			0.0040	0.0040
	99091470 电动卷扬机单筒慢速 50 kN	台班	0.0106	0.0172	0.0153	0.0344
	99091530 电动卷扬机双筒慢速 50 kN	台班	0.0204	0.0204	0.0184	0.0204
	99110022 工程修理车 4 t	台班	0.0174	0.0204	0.0754	0.1171
	99150160 钢丝清通器	台班	0.0036	0.0036	0.0022	0.0036
	99150170 拉爬清通器	台班	0.0012	0.0012	0.0010	0.0012
	99250010 交流弧焊机 21 kV·A	台班	0.0062	0.0062	0.0823	0.1310
	99250360 全自动热熔焊接机 SHD-400C	台班	0.0165			
	99250370 全自动热熔焊接机 SHD-500C	台班		0.0330		
	99270060 电焊条烘干箱 600×500×750	台班			0.0074	0.0146
	99290010 X光胶片脱水烘干机 ZTH-340	台班			0.0090	0.0120
	99290020 超声波探伤机 CTS-22	台班			0.0136	0.0176
	99290050 X光探伤机 2005	台班			0.1290	0.1720
	99430080 柴油发电机 30 kW	台班	0.0286	0.0286	0.0286	0.0286
	99430290 内燃空气压缩机 6 m³/min	台班	0.0083	0.0089	0.008	0.0078
	99430320 内燃空气压缩机 17 m³/min	台班				0.0030
	99440010 电动单级离心清水泵 φ50	台班	0.0286	0.0286	0.0373	0.0386
	99450810 钢丝滑轮架	台班	0.0006	0.0006	0.0006	0.0006

第三章 管道穿跨越工程

工作内容: 1. 热熔焊接机就位,接口组对,焊板加热,拖管头熔接及拆卸。
2. 电焊机就位,焊条烘干,焊口处理,钢管拖头熔接及拆卸。

定 额 编 号			G-3-4-9	G-3-4-10
项 目			穿管聚乙烯拖头安装、拆除	穿管钢拖头安装、拆除
			次	次
预算定额编号	预算定额名称	预算定额单位	数 量	
06-3-2-21	定向钻拖头安装、拆卸钢拖头 公称直径 300 mm 以内	个		0.5000
06-3-2-22	定向钻拖头安装、拆卸钢拖头 公称直径 500 mm 以内	个		0.5000
06-3-4-18	旧管道内穿管附件 穿管拖头安装、拆除 外径 250 mm 以内	次	0.5000	
06-3-4-19	旧管道内穿管附件 穿管拖头安装、拆除 外径 315 mm 以内	次	0.5000	

工作内容: 1. 热熔焊接机就位,接口组对,焊板加热,拖管头熔接及拆卸。
2. 电焊机就位,焊条烘干,焊口处理,钢管拖头熔接及拆卸。

定 额 编 号				G-3-4-9	G-3-4-10
项 目				穿管聚乙烯拖头安装、拆除	穿管钢拖头安装、拆除
名 称			单位	次	次
人工	00150101	综合人工	工日	0.5637	0.6918
材料	01290102	热轧钢板 综合	kg		0.3213
	03110212	尼龙砂轮片 φ100	片		0.2011
	03130123	电焊条 J507	kg		2.4343
	03211002	电链锯条	根	0.0525	
	14390101	氧气	m³		1.2674
	14390302	乙炔气	kg		0.4407
	35060112	钢拖头 φ300	只		0.0788
	35060113	钢拖头 φ500	只		0.1050
	35060212	聚乙烯拖管头 dn315	只	0.1050	
	35061011	柔性吊装带	根		0.0561
机械	99070520	载重汽车 4 t	台班		0.0451
	99090350	汽车式起重机 5 t	台班		0.0767
	99210040	木工带锯机 φ1250	台班	0.0344	
	99250010	交流弧焊机 21 kV·A	台班		0.4474
	99250360	全自动热熔焊接机 SHD-400C	台班	0.1486	
	99270060	电焊条烘干箱 600×500×750	台班		0.0441

第四章 燃气设备及报警系统安装工程

说　明

1. 本章定额包括调压设备安装工程、计量设备安装工程和燃气报警系统安装工程，共 3 节 23 个子目。
2. 本章定额不包括土方工程、管道安装工程相关内容，应执行其他章节相关定额子目。
3. 设备安装中少量电焊条耗用量和电焊机台班耗用量已包括在其他材料费和其他机械费中，计算时不再另行计取。

第一节 调压设备安装工程

说 明

1. 本节定额包括挂壁式调压器安装、箱式调压器安装。
2. 挂壁式调压器、箱式调压器安装,均按调压器出口口径设置定额子目。定额内容从调压器进口端接点起到出口端接点止,包括各种管件及调压器的安装和校验调试。
3. 箱式调压器安装包括设备基础。
4. 各类调压器安装均不包括过滤器、耐油分离器、安全放散装置的安装。

工程量计算规则

挂壁式调压器安装、箱式调压器安装均按口径以"台"为计量单位。

工作内容: 1. 进出口处平焊法兰片焊接,调压箱体固定安装,气密性实验等操作过程。
2,3,4. 箱式调压器基础制作安装,箱式调压器固定安装。

定 额 编 号			G-4-1-1	G-4-1-2	G-4-1-3	G-4-1-4
项 目			挂壁式调压器安装	箱式调压器安装		
			公称直径 50 mm 以内	公称直径 50 mm 以内	公称直径 100 mm 以内	公称直径 150 mm 以内
			台	台	台	台
预算定额编号	预算定额名称	预算定额单位	数 量			
06-1-3-28	定型箱式调压器混凝土基础 出口管径公称直径 50 mm 以内	座		1.0000		
06-1-3-30	定型箱式调压器混凝土基础 出口管径公称直径 100 mm 以内	座			1.0000	
06-1-3-31	定型箱式调压器混凝土基础 出口管径公称直径 150 mm 以内	座				1.0000
06-4-1-1	挂壁式调压器安装 公称直径 50 mm 以内	组	1.0000			
06-4-1-2	箱式调压器安装 公称直径 50 mm 以内	组		1.0000		
06-4-1-4	箱式调压器安装 公称直径 100 mm 以内	组			1.0000	
06-4-1-5	箱式调压器安装 公称直径 150 mm 以内	组				1.0000

工作内容: 1. 进出口处平焊法兰片焊接,调压箱体固定安装,气密性实验等操作过程。
2,3,4. 箱式调压器基础制作安装,箱式调压器固定安装。

定 额 编 号			G-4-1-1	G-4-1-2	G-4-1-3	G-4-1-4
项 目			挂壁式调压器安装	箱式调压器安装		
			公称直径 50 mm 以内	公称直径 50 mm 以内	公称直径 100 mm 以内	公称直径 150 mm 以内
	名 称	单位	台	台	台	台
人工	00150101 综合人工	工日	2.9852	15.9269	20.6943	26.0327
材料	01010212 热轧带肋钢筋(HRB400)φ>10	t		0.1695	0.2205	0.2528
	02090101 塑料薄膜	m²		1.6983	2.3086	2.7367
	03014283 镀锌六角螺栓连母垫 M16	套	8.1600	8.1600	12.2400	4.0800
	03014285 镀锌六角螺栓连母垫 M20	套				8.1600
	03018172 膨胀螺栓(钢制) M8	套	4.0000	4.0000	4.0000	4.0000
	03110212 尼龙砂轮片 φ100	片	0.0100	0.0100	0.0100	0.0100

(续表)

定额编号			G-4-1-1	G-4-1-2	G-4-1-3	G-4-1-4
项目			挂壁式调压器安装	箱式调压器安装		
			公称直径 50 mm 以内	公称直径 50 mm 以内	公称直径 100 mm 以内	公称直径 150 mm 以内
	名称	单位	台	台	台	台
材料	03130123 电焊条 J507	kg		0.2032	0.3370	0.5150
	03150101 圆钉	kg		0.4021	0.5466	0.6479
	03152501 镀锌铁丝	kg		1.6285	2.1185	2.4289
	20010211 平焊钢法兰 DN50	片	2.0000	2.0000		
	20010213 平焊钢法兰 DN100	片			2.0000	
	20010214 平焊钢法兰 DN150	片				2.0000
	20330316 聚四氟乙烯垫片 DN50	片	1.0300	1.0300		
	20330319 聚四氟乙烯垫片 DN100	片			1.0300	
	20330321 聚四氟乙烯垫片 DN150	片				1.0300
	21530301 箱式调压器	只	1.0000	1.0000	1.0000	1.0000
	34110101 水	m³		0.0244	0.0330	0.0390
	35010703 木模板成材	m³		0.0667	0.0907	0.1075
	80060412 湿拌砌筑砂浆 WM M7.5	m³		0.1550	0.2106	0.2497
	80210515 预拌混凝土(非泵送型) C20 粒径 5~40	m³		0.4774	0.6334	0.7426
	80210521 预拌混凝土(非泵送型) C30 粒径 5~40	m³		1.9584	2.6775	3.1824
机械	99050930 混凝土振捣器 插入式	台班		0.1388	0.1887	0.2237
	99050940 混凝土振捣器 平板式	台班		0.0694	0.0944	0.1119
	99070530 载重汽车 5 t	台班	0.0231	0.0160		
	99070550 载重汽车 8 t	台班			0.0400	0.0600
	99090350 汽车式起重机 5 t	台班	0.0154	0.0413	0.0835	0.1079
	99170020 钢筋调直机 φ40	台班		0.2196	0.2985	0.3539
	99170030 钢筋切断机 φ40	台班		0.2196	0.2985	0.3539
	99210010 木工圆锯机 φ500	台班		0.0396	0.0539	0.0639
	99250010 交流弧焊机 21 kV·A	台班	0.0785	0.0816	0.1320	0.1840
	99270060 电焊条烘干箱 600×500×750	台班	0.0077	0.0080	0.0130	0.0180

工作内容：箱式调压器基础制作安装，箱式调压器固定安装。

定额编号			G-4-1-5	G-4-1-6
项目			箱式调压器安装	
			公称直径200 mm以内	公称直径300 mm以内
			台	台
预算定额编号	预算定额名称	预算定额单位	数　量	
06-1-3-32	定型箱式调压器混凝土基础出口管径公称直径200 mm以内	座	1.0000	
06-1-3-33	定型箱式调压器混凝土基础出口管径公称直径300 mm以内	座		1.0000
06-4-1-6	箱式调压器安装 公称直径200 mm以内	组	1.0000	
06-4-1-7	箱式调压器安装 公称直径300 mm以内	组		1.0000

工作内容: 箱式调压器基础制作安装,箱式调压器固定安装。

	定 额 编 号			G-4-1-5	G-4-1-6
				箱式调压器安装	
	项 目			公称直径200 mm以内	公称直径300 mm以内
	名 称		单位	台	台
人工	00150101	综合人工	工日	30.9891	37.5656
材料	01010212	热轧带肋钢筋（HRB400）φ>10	t	0.3051	0.3409
	02090101	塑料薄膜	m²	3.4109	3.8603
	03014283	镀锌六角螺栓连母垫 M16	套	4.0800	4.0800
	03014285	镀锌六角螺栓连母垫 M20	套	8.1600	12.2400
	03018172	膨胀螺栓（钢制）M8	套	4.0000	4.0000
	03110212	尼龙砂轮片 φ100	片	0.0100	0.0100
	03130123	电焊条 J507	kg	0.6438	0.8047
	03150101	圆钉	kg	0.8075	0.9140
	03152501	镀锌铁丝	kg	2.9314	3.2753
	20010215	平焊钢法兰 DN200	片	2.0000	
	20010216	平焊钢法兰 DN300	片		2.0000
	20330323	聚四氟乙烯垫片 DN200	片	1.0300	
	20330327	聚四氟乙烯垫片 DN300	片		1.0300
	21530301	箱式调压器	只	1.0000	1.0000
	34110101	水	m³	0.0490	0.0550
	35010703	木模板成材	m³	0.1340	0.1517
	80060412	湿拌砌筑砂浆 WM M7.5	m³	0.3112	0.3521
	80210515	预拌混凝土(非泵送型) C20 粒径5~40	m³	0.9139	1.0282
	80210521	预拌混凝土(非泵送型) C30 粒径5~40	m³	3.9780	4.5084
机械	99050930	混凝土振捣器 插入式	台班	0.2788	0.3156
	99050940	混凝土振捣器 平板式	台班	0.1394	0.1578
	99070530	载重汽车 5 t	台班	0.0750	0.0938
	99090350	汽车式起重机 5 t	台班	0.1348	0.1643
	99170020	钢筋调直机 φ40	台班	0.4411	0.4992
	99170030	钢筋切断机 φ40	台班	0.4411	0.4992
	99210010	木工圆锯机 φ500	台班	0.0796	0.0901
	99250010	交流弧焊机 21 kV·A	台班	0.2300	0.2875
	99270060	电焊条烘干箱 600×500×750	台班	0.0225	0.0281

第二节 计量设备安装工程

说　　明

1. 本节定额包括燃气表(螺纹连接)、燃气表(法兰连接)。
2. 本节定额中的计量设备安装是指各类经有关计量部门核准的表具设备。
3. 本节定额内容已包括了各种管件及燃气表的安装和校验调试。
4. 本节定额中燃气表安装口径≤150 mm时,已考虑支架安装;燃气表安装口径>150 mm时,已考虑设备基础。
5. 本节定额内容中未包括表前阀门的安装。

工程量计算规则

各类燃气表安装均按口径以"台"为计量单位。

工作内容:支架制作、安装,燃气表安装。

定额编号			G-4-2-1	G-4-2-2	G-4-2-3	G-4-2-4
项目			燃气表(螺纹连接)	燃气表(法兰连接)		
			公称直径 50 mm 以内	公称直径 100 mm 以内	公称直径 100 mm 以内	公称直径 150 mm 以内
			台	台	台	台
预算定额编号	预算定额名称	预算定额单位	数量			
06-2-9-1	金属支架制作	t	0.0100	0.0100	0.0100	0.0100
06-2-9-2	金属支架安装	t	0.0100	0.0100	0.0100	0.0100
06-4-2-10	燃气表安装(法兰连接) 公称直径 150 mm 以内	组				1.0000
06-4-2-4	燃气表安装(螺纹连接) 公称直径 50 mm 以内	组	1.0000			
06-4-2-7	燃气表安装(法兰连接) 公称直径 50 mm 以内	组		1.0000		
06-4-2-9	燃气表安装(法兰连接) 公称直径 100 mm 以内	组			1.0000	

工作内容： 支架制作、安装，燃气表安装。

定额编号				G-4-2-1	G-4-2-2	G-4-2-3	G-4-2-4
项　目				燃气表（螺纹连接）	燃气表（法兰连接）		
				公称直径 50 mm 以内	公称直径 100 mm 以内	公称直径 100 mm 以内	公称直径 150 mm 以内
	名　称		单位	台	台	台	台
人工	00150101	综合人工	工日	2.0181	2.8067	3.9312	4.4346
材料	01150101	热轧型钢 综合	t	0.0106	0.0106	0.0106	0.0106
	01610106	铈钨棒	g			1.9764	2.9646
	02130311	聚四氟乙烯带(生料带) 宽度20	m	2.1171			
	03014283	镀锌六角螺栓连母垫 M16	套		8.1600	16.3200	
	03014285	镀锌六角螺栓连母垫 M20	套				16.3200
	03018172	膨胀螺栓(钢制) M8	套	0.4080	0.4080	0.4080	0.4080
	03110212	尼龙砂轮片 φ100	片		0.0976	0.2400	0.4080
	03130123	电焊条 J507	kg	0.2082	1.6390	2.5506	3.7210
	03130927	碳钢氩弧焊丝（H08MnR）φ3	kg			0.0203	0.0305
	14390101	氧气	m³	0.1981	0.7081	1.3161	1.9062
	14390302	乙炔气	kg	0.0660	0.2361	0.4389	0.6352
	14390701	氩气	m³			0.1126	0.1688
	17010867	燃气直缝焊接钢管 φ159×6	m				0.5000
	17030126	镀锌焊接钢管 DN50	m	0.5000			
	17070279	无缝钢管 D57×4	m		0.5000		
	17070283	无缝钢管 D108×6	m			0.5000	
	17191114	表用金属软管 DN50	根	2.0400			
	18030317	钢制弯头 DN50	只		2.0000		
	18030320	钢制弯头 DN100	只			2.0000	
	18030321	钢制弯头 DN150	只				2.0000
	18035920	镀锌弯头 DN50	个	1.0200			
	18037516	镀锌双外螺丝 DN50	个	2.0400			
	20010211	平焊钢法兰 DN50	片		2.0000		
	20010213	平焊钢法兰 DN100	片			2.0000	
	20010214	平焊钢法兰 DN150	片				2.0000
	20330316	聚四氟乙烯垫片 DN50	片		2.0600		
	20330319	聚四氟乙烯垫片 DN100	片			2.0600	
	20330321	聚四氟乙烯垫片 DN150	片				2.0600
机械	99110022	工程修理车 4 t	台班			1.0000	1.0000
	99190230	立式钻床 φ25	台班	0.0084	0.0084	0.0084	0.0084
	99250010	交流弧焊机 21 kV·A	台班	0.0300	0.2554	0.4808	0.7171
	99250440	氩弧焊机 500 A	台班			0.1065	0.1473
	99270060	电焊条烘干箱 600×500×750	台班		0.0262	0.0592	0.0706

工作内容: 支墩制作、安装,燃气表安装。

定额编号			G-4-2-5	G-4-2-6
项目			燃气表(法兰连接)	
			公称直径200 mm以内	公称直径300 mm以内
			台	台
预算定额编号	预算定额名称	预算定额单位	数 量	
06-1-3-3	煤气管件支墩(水平向弯管或三通)管径200 mm	座	1.0000	
06-1-3-4	煤气管件支墩(水平向弯管或三通)管径300 mm	座		1.0000
06-4-2-11	燃气表安装(法兰连接)公称直径200 mm以内	组	1.0000	
06-4-2-12	燃气表安装(法兰连接)公称直径300 mm以内	组		1.0000

工作内容： 支墩制作、安装，燃气表安装。

	定额编号		G-4-2-5	G-4-2-6
	项 目		燃气表（法兰连接）	
			公称直径200 mm以内	公称直径300 mm以内
	名 称	单位	台	台
人工	00150101	综合人工	工日	4.1117	5.0931
材料	01610106	铈钨棒	g	6.3544	9.5464
	02090101	塑料薄膜	m²	0.2500	0.2500
	03014285	镀锌六角螺栓连母垫 M20	套	16.3200	24.4800
	03110212	尼龙砂轮片 φ100	片	0.6204	0.9000
	03130123	电焊条 J507	kg	7.5304	11.3136
	03130927	碳钢氩弧焊丝（H08MnR）φ3	kg	0.0654	0.0982
	03150101	圆钉	kg	0.0300	0.0400
	04131711	蒸压灰砂砖	千块	0.0300	0.0600
	14390101	氧气	m³	2.2200	3.1200
	14390302	乙炔气	kg	0.7400	1.0400
	14390701	氩气	m³	0.3620	0.5438
	17010869	燃气直缝焊接钢管 φ219×8	m	0.5000	
	17010871	钢管 D325×8	m		0.5000
	18030322	钢制弯头 DN200	只	2.0000	
	18030323	钢制弯头 DN300	只		2.0000
	20010215	平焊钢法兰 DN200	片	2.0000	
	20010216	平焊钢法兰 DN300	片		2.0000
	20330323	聚四氟乙烯垫片 DN200	片	2.0600	
	20330327	聚四氟乙烯垫片 DN300	片		2.0600
	34110101	水	m³	0.0250	0.0350
	35010703	木模板成材	m³	0.0100	0.0100
	80060412	湿拌砌筑砂浆 WM M7.5	m³	0.0100	0.0300
	80210515	预拌混凝土（非泵送型）C20 粒径5～40	m³	0.0500	0.0700
机械	99110022	工程修理车 4 t	台班	1.0000	
	99250010	交流弧焊机 21 kV·A	台班	0.9990	0.6252
	99250440	氩弧焊机 500 A	台班	0.2267	0.3281
	99270060	电焊条烘干箱 600×500×750	台班	0.1091	0.1454

第三节 燃气报警系统安装工程

说 明

1. 本节定额包括探测器安装、报警控制器安装、阀门操作盘安装、套管敷设、动力线路管内穿线、信号线路敷设安装、电力电缆敷设(4芯以上)、控制电缆敷设(14芯以下)、整流装置安装。
2. 探测器安装包括了探头和底座的安装调试以及防爆金属软管、输入模块和接线盒安装。
3. 报警控制器安装包括控制器本体安装及燃气报警系统调试。
4. 阀门操作盘安装为挂壁式安装,包括安装、校验调试以及输出模块安装。
5. 套管敷设包括一般铁构件制作、安装和接线盒安装。
6. 动力线路管内穿线按导线截面 4 mm² 以内考虑。
7. 信号线路敷设安装按铜芯塑料屏蔽软电线 3 芯以内考虑。
8. 电缆敷设包括电缆敷设和电缆头制作安装。
9. 电缆敷设均未包括电缆沟及土方开挖。

工程量计算规则

1. 探测器安装以"只"为计量单位。
2. 报警控制器安装以"台"为计量单位。
3. 阀门操作盘安装以"台"为计量单位。
4. 套管敷设、动力线路管内穿线、信号线路敷设安装、电力电缆敷设、控制电缆敷设均以"100 m"为计量单位。
5. 整流装置安装以"台"为计量单位。
6. 电缆敷设长度应根据敷设路径的水平和垂直敷设长度,敷设沿线的接线设备进出两端各增加 1.5 m 附加长度。

工作内容: 1,2. 探测器安装,金属软管安装,接线盒安装,控制模块安装。
3,4. 报警控制器安装,燃气报警系统调试。

定 额 编 号			G-4-3-1	G-4-3-2	G-4-3-3	G-4-3-4
项 目			探测器安装		报警控制器安装	
			多线制	总线制	多线制	总线制
			只	只	台	台
预算定额编号	预算定额名称	预算定额单位	数 量			
06-4-4-1	探测器安装 多线制	只	1.0000			
06-4-4-12	防爆金属软管敷设 DN20 mm 以内 每根长 1 000 mm 以内	10 m	0.0500	0.0500		
06-4-4-2	探测器安装 总线制	只		1.0000		
06-4-4-3	报警控制器安装 多线制	台			1.0000	
06-4-4-30	报警系统配件安装 防爆接线盒安装	10 个	0.1000	0.1000		
06-4-4-37	燃气报警系统调试 多线制	套			1.0000	
06-4-4-38	燃气报警系统调试 总线制 64 点以下	套				1.0000
06-4-4-4	报警控制器安装 总线制	台				1.0000
06-4-4-6	输入模块安装	只	1.0000	1.0000		

工作内容：1，2. 探测器安装，金属软管安装，接线盒安装，控制模块安装。
3，4. 报警控制器安装，燃气报警系统调试。

	定额编号		G-4-3-1	G-4-3-2	G-4-3-3	G-4-3-4
	项 目		探测器安装		报警控制器安装	
			多线制	总线制	多线制	总线制
	名 称	单位	只	只	台	台
人工	00150101 综合人工	工日	0.7377	0.7377	2.9457	9.2983
材料	03011120 木螺钉 M4×65 以下	10个	0.4120	0.41200		
	03015135 沉头螺栓 M16×25	个	4.1200	0.41200		
	03017208 半圆头镀锌螺栓连母垫 M2～5×15～50	10套	0.2060	0.2060		
	03018172 膨胀螺栓（钢制）M8	套			4.0400	4.0400
	03018807 塑料膨胀管（尼龙胀管）M6～8	个	6.1800	6.1800		
	14390901 丙烷	kg		0.5000		
	17251701 异形塑料管	m	0.2500	0.2000	1.0000	1.8300
	23370501 可燃气体探测器	套	1.0000	0.5000		
	23390101 报警控制器	台			1.0000	1.0000
	23400101 控制模块	个	1.0000	1.0000		
	29060819 金属软管 DN20	m	0.5150	1.0000		
	29062212 金属软管接头 DN20	个	1.3390	1.3390		
	29110201 接线盒	个	1.0200	1.0200		
	29173511 塑料线卡 φ15	个			8.0000	14.0000
	34130112 塑料扁形标志牌	个			1.0000	1.0000
机械	98030140 直流稳压稳流电源 WYK-6005	台班			0.3000	1.2500
	98030240 交流稳压电源 JH1741/05	台班			0.3000	1.2500
	98030350 精密交直流稳压电源 SB861	台班			0.1620	0.6400
	98050580 接地电阻测试仪 3150	台班			0.7500	0.1200
	98050950 数字电压表 PZ38	台班			0.2620	1.3240
	98051150 数字万用表 PF-56	台班	0.1200	0.1150	0.6000	2.5000
	98051200 手持万用表	台班			0.3940	1.5890
	98320451 多功能信号校验仪 25 mm	台班			0.4130	1.9670
	98410110 电动综合校验台	台班			0.1620	0.6400
	98470100 自耦调压器 TDJC-S-1	台班			0.3000	1.2500
	98470225 对讲机 一对	台班			0.3150	1.2710

工作内容：1. 阀门操作盘安装，紧急切断阀检查接线，紧急切断阀调试，控制模块安装。
2. 防爆套管安装，支架安装，接线盒安装。
3，4. 穿引线，涂滑石粉，穿线，编号，焊接包头。

定 额 编 号			G-4-3-5	G-4-3-6	G-4-3-7	G-4-3-8
项 目			阀门操作盘安装	防爆钢管敷设 DN32 mm 以内	动力线路管内穿线	信号线路敷设安装
			台	100 m	100 m	100 m
预算定额编号	预算定额名称	预算定额单位	数 量			
06-4-4-10	防爆钢管敷设 明配 DN32 mm 以内	100 m		1.0000		
06-4-4-15	动力线路管内穿线 导线截面 4 mm² 以内	100 m 单线			1.0000	
06-4-4-26	信号线路敷设安装 铜芯塑料屏蔽软电线 3 芯以内	100 m				1.0000
06-4-4-27	报警系统配件安装 一般铁构件制作每件重 3 kg 以内	100 kg		0.8000		
06-4-4-28	报警系统配件安装 一般铁构件安装每件重 3 kg 以内	100 kg		0.8000		
06-4-4-29	报警系统配件安装 明装接线盒安装	10 个		1.7000		
06-4-4-34	紧急切断阀检查接线	台	1.0000			
06-4-4-35	紧急切断阀调试 电动球阀	台	0.5000			
06-4-4-36	紧急切断阀调试 电磁阀	台	0.5000			
06-4-4-5	阀门操作盘安装	台	1.0000			
06-4-4-7	输出模块安装	只	1.0000			

工作内容: 1. 阀门操作盘安装,紧急切断阀检查接线,紧急切断阀调试,控制模块安装。
2. 防爆套管安装,支架安装,接线盒安装。
3、4. 穿引线,涂滑石粉,穿线,编号,焊接包头。

	定额编号			G-4-3-5	G-4-3-6	G-4-3-7	G-4-3-8
	项目			阀门操作盘安装	防爆钢管敷设 DN32 mm 以内	动力线路管内穿线	信号线路敷设安装
	名 称		单位	台	100 m	100 m	100 m
人工	00150101	综合人工	工日	3.3586	24.7450	0.8280	1.1155
材料	01030117	钢丝 φ1.6~2.6	kg			0.0900	0.1300
	01150103	热轧型钢 综合	kg		84.0000		
	03011120	木螺钉 M4×65 以下	10 个	0.2060	17.3200		
	03014292	镀锌六角螺栓连母垫 M10×70	10 套		5.0400		
	03015135	沉头螺栓 M16×25	个	2.0600			
	03017208	半圆头镀锌螺栓连母垫 M2~5×15~50	10 套		3.5020		
	03018172	膨胀螺栓(钢制) M8	套	4.0400			
	03018807	塑料膨胀管(尼龙胀管) M6~8	个	2.0600	217.8000		
	03110215	尼龙砂轮片 φ400	片		0.3600		
	03130114	电焊条 J422 φ3.2	kg		1.8400		
	03131901	焊锡	kg			0.1200	
	03131941	焊锡膏 50 g/瓶	kg			0.0100	
	03152513	镀锌铁丝 14#~16#	kg		0.6600		
	03210203	硬质合金冲击钻头 φ6~8	根	0.1000	1.2000		
	13010101	调和漆	kg		1.2800		
	13010211	醇酸清漆	kg		0.5000		
	13011011	清油 C01~1	kg		0.4800		
	13050201	铅油	kg		1.4000		
	13050511	醇酸防锈漆 C53~1	kg		1.6160		
	14030101	汽油	kg			0.6000	
	14050121	油漆溶剂油	kg		1.3320		
	14050201	松香水	kg		0.4000		
	14090601	电力复合酯	kg		0.6000		
	14430412	塑料胶布带 20×50 m	卷				0.5000
	17251701	异形塑料管	m	0.5000			
	18151214	镀锌活接头 DN32	只		15.5200		
	18151275	防爆活接头 DN32	个		15.5000		
	18252334	镀锌管卡 DN32	个		85.5900		
	23400101	控制模块	个	1.0000			
	23410401	重复显示器	套	1.0000			

第四章 燃气设备及报警系统安装工程

(续表)

	定 额 编 号		G-4-3-5	G-4-3-6	G-4-3-7	G-4-3-8
	项 目		阀门操作盘安装	防爆钢管敷设 DN32 mm 以内	动力线路管内穿线	信号线路敷设安装
	名 称	单位	台	100 m	100 m	100 m
材料	27061406	接地线 5.5~16 mm²	m	1.0000			
	27170311	黄漆布带 20×40 m	卷			0.4000	
	27170416	电气绝缘胶带（PVC）18×20 m	卷			0.8000	
	28030101	绝缘导线	m			104.0900	
	28030562	铜芯聚氯乙烯绝缘护套屏蔽软电缆 RVVP-3 芯	m				101.5000
	29060035	镀锌焊接钢管(电管) DN32	m		103.0000		
	29061214	镀锌电管外接头 DN32	个		16.5200		
	29063314	塑料护口(钢管用) DN32	个		15.5200		
	29110201	接线盒	个		17.3400		
	29173511	塑料线卡 φ15	个	7.0000			
	34130112	塑料扁形标志牌	个	1.0000			6.0000
	34130214	位号牌	个	1.0000			
机械	98030140	直流稳压稳流电源 WYK-6005	台班	0.3000			
	98030240	交流稳压电源 JH1741/05	台班	0.3000			
	98030350	精密交直流稳压电源 SB861	台班	0.1000			
	98050330	兆欧表	台班	0.0300			
	98050580	接地电阻测试仪 3150	台班	0.1200			
	98050952	数字电压表	台班	0.0940			
	98051140	数字万用表 PS-56	台班	0.0500			
	98051150	数字万用表 PF-56	台班	0.7700			
	98051200	手持万用表	台班	0.2065			
	98130720	数字毫秒表	台班	0.0330			
	98320452	多功能信号校验仪	台班	0.1645			
	98410110	电动综合校验台	台班	0.1895			
	98470100	自耦调压器 TDJC-S-1	台班	0.3000			
	98470225	对讲机 一对	台班	0.1505			
	98510090	铭牌打印机	台班	0.0120			
	99070590	载重汽车 15 t	台班	0.0480			
	99090400	汽车式起重机 16 t	台班	0.0480			
	99190750	管子切断套丝机 φ159	台班		0.1100		
	99190830	电动煨弯机 φ100	台班		0.1100		
	99230170	砂轮切割机 φ400	台班		0.1600		
	99250010	交流弧焊机 21 kV·A	台班		1.0000		
	99440410	试压泵 2.5 MPa	台班	0.1200			

工作内容: 1,2. 套管敷设,电力电缆敷设,电缆终端头制作、安装。
3. 报警电源箱安装,整流装置安装。

定额编号			G-4-3-9	G-4-3-10	G-4-3-11
项目			电力电缆敷设 (4芯以上)	控制电缆敷设 (14芯以下)	整流装置安装
			100 m	100 m	台
预算定额编号	预算定额名称	预算定额单位	数量		
06-4-4-16	铜芯电力电缆 4芯以上	100 m	1.0000		
06-4-4-18	控制电缆 14芯以下	100 m		1.0000	
06-4-4-20	控制电弧终端头制作安装 终端头 14芯以内套管 KT2 型	个		2.0000	
06-4-4-22	电缆终端头 多芯 截面积 4 mm² 以下(矿物绝缘电缆终端头)	个	2.0000		
06-4-4-32	报警系统配件安装 报警电源箱安装	台(块)			1.0000
06-4-4-33	报警系统配件安装 整流装置安装	台			1.0000
34070411	塑料手套 ST 型	只	2.1000		

工作内容: 1,2. 套管敷设,电力电缆敷设,电缆终端头制作、安装。
3. 报警电源箱安装,整流装置安装。

	定 额 编 号		G-4-3-9	G-4-3-10	G-4-3-11
	项 目		电力电缆敷设（4芯以上）	控制电缆敷设（14芯以下）	整流装置安装
	名 称	单位	100 m	100 m	100 m
人工	00150101 综合人工	工日	3.3281	4.2942	2.6703
材料	01090211 镀锌圆钢 φ5～10	kg			0.2000
	01130336 镀锌扁钢 50～75	kg			2.5000
	01291901 钢板垫板	kg			0.2500
	02130209 聚氯乙烯带（PVC）20×40 m	卷	0.0080	0.0320	
	03018174 膨胀螺栓（钢制）M12	套			8.1600
	03018807 塑料膨胀管（尼龙胀管）M6～8	个	240.0000	240.0000	
	03130114 电焊条 J422 φ3.2	kg			0.0800
	03130115 电焊条 J422 φ4.0	kg			0.1100
	03152513 镀锌铁丝 14#～16#	kg	0.2000	0.3000	
	03210203 硬质合金冲击钻头 φ6～8	根	1.3300	1.3300	
	13010101 调和漆	kg			0.0700
	13010421 酚醛磁漆	kg			0.0100
	14030101 汽油	kg	0.7200		
	14030112 汽油 90#	kg		0.7000	
	14090601 电力复合酯	kg	0.0720		
	14090611 电力复合酯 一级	kg			0.0500
	18292511 塑料套管 KT2 型	只			
	27170311 黄漆布带 20×40 m	卷			0.1000
	27170416 电气绝缘胶带（PVC）18×20 m	卷	0.3000	0.0500	
	27170513 自粘性橡胶绝缘胶带 20×5 m	卷		0.8000	0.1500
	28010113 裸铜线 10 mm²	m	2.8000	2.0000	0.3000
	28110101 电缆	m	101.0000		
	28271101 控制电缆	m		101.5000	
	29060904 电气塑料软管 φ6	m			8.0000
	29090214 铜接线端子 DT-10	个	2.0300	2.0300	2.0200
	29090217 铜接线端子 DT-35	个	7.5200		
	29252681 镀锌电缆固定卡子 2×35	个	27.5200	25.4600	
	29252801 电缆吊挂	套	5.1100		
	34070411 塑料手套 ST 型	只	2.1000		
	34130112 塑料扁形标志牌	个	6.0000	6.0000	
机械	99070530 载重汽车 5 t	台班		0.0100	0.0370
	99250010 交流弧焊机 21 kV·A	台班			0.1100
	99250150 直流弧焊机 32 kW	台班		0.0100	0.0930
	99350180 手动液压压接钳 YQ-150P×14	台班	0.1400		

第五章 新旧管连接工程

说 明

本章定额包括连接辅助工程、停输连接工程和不停输连接工程,共 3 节 37 个子目。

第一节 连接辅助工程

说 明

1. 本节定额包括连接处置、关/开阀门和调压处置。
2. 本节定额的连接处置,是指为停气或不停气连接时所做的处置工作,分 $P<0.1$ MPa、$P\leqslant0.4$ MPa和 $P\leqslant1.6$ MPa三档压力级制,已包括前期和后期处置。
3. 关、开阀门已按不同口径综合考虑。
4. 调压处置已按不同口径综合考虑。

工程量计算规则

1. 连接处置按阀门之间(包括新排管道)的管道长度均以延长米计算,按"m"为计量单位。
2. 关、开阀门以"个"为计量单位。
3. 调压处置以"组"为计量单位。

工作内容：1，2，3. 查图纸，找位置，安、拆放散管，放散，消音，取样，巡检。
4. 定位，开、合井盖，抽水，调试，关、开阀门，查漏。

定额编号			G-5-1-1	G-5-1-2	G-5-1-3	G-5-1-4
项 目			连接处置			关、开阀门
			公称直径 300 mm 以内	公称直径 500 mm 以内	公称直径 800 mm 以内	
			m	m	m	m
预算定额编号	预算定额名称	预算定额单位	数 量			
06-5-1-12	连接处置 P＜0.1 MPa 公称直径 300 mm 以内	m	0.3330			
06-5-1-16	连接处置 P≤0.4 MPa 公称直径 300 mm 以内	m	0.3330			
06-5-1-17	连接处置 P≤0.4 MPa 公称直径 500 mm 以内	m		0.5000		
06-5-1-18	连接处置 P≤0.4 MPa 公称直径 800 mm 以内	m			0.5000	
06-5-1-19	连接处置 P≤1.6 MPa 公称直径 300 mm 以内	m	0.3330			
06-5-1-20	连接处置 P≤1.6 MPa 公称直径 500 mm 以内	m		0.5000		
06-5-1-21	连接处置 P≤1.6 MPa 公称直径 800 mm 以内	m			0.5000	
06-5-1-24	关、开阀门 公称直径 200 mm 以内	个				0.3330
06-5-1-25	关、开阀门 公称直径 300 mm 以内	个				0.3330
06-5-1-26	关、开阀门 公称直径 500 mm 以内	个				0.3330

工作内容: 1,2,3. 查图纸,找位置,安、拆放散管,放散,消音,取样,巡检。
4. 定位,开、合井盖,抽水,调试,关、开阀门,查漏。

	定额编号		G-5-1-1	G-5-1-2	G-5-1-3	G-5-1-4
			连接处置			关、开阀门
	项 目		公称直径 300 mm 以内	公称直径 500 mm 以内	公称直径 800 mm 以内	
	名 称	单位	m	m	m	m
人工	00150101	综合人工	工日	0.0318	0.0420	0.0569	1.7623
材料	03014283	镀锌六角螺栓连母垫 M16	套	16.3197	16.3200		
	03014285	镀锌六角螺栓连母垫 M20	套			16.3200	
	03110212	尼龙砂轮片 φ100	片	0.0009	0.001	0.0016	
	03130123	电焊条 J507	kg	0.0144	0.0144	0.0214	
	14390101	氧气	m³	0.0102	0.0102	0.0164	
	14390302	乙炔气	kg	0.0033	0.0034	0.0054	
	17070283	无缝钢管 D108×6	m	0.0255	0.0256		
	17070285	无缝钢管 D159×8	m			0.0256	
	18030320	钢制弯头 DN100	只	0.0099	0.0100		
	18030321	钢制弯头 DN150	只			0.0100	
	19010033	法兰阀门 DN100	只	0.0006	0.0006		
	19010034	球阀 RSQF-DN150X	只			0.0006	
	19412301	阀门加长杆	根				0.2001
	20010213	平焊钢法兰 DN100	片	0.0099	0.0100		
	20010214	平焊钢法兰 DN150	片			0.0100	
	20330319	聚四氟乙烯垫片 DN100	片	0.0099	0.0100		
	20330321	聚四氟乙烯垫片 DN150	片			0.0100	
	22550151	消音器	套	0.0017	0.0025	0.0050	
	34110801	天然气	m³	0.6009	2.2540	5.7846	
机械	98530060	检漏仪	台班	0.0051	0.0050	0.0050	
	98530100	燃气取样分析仪 60×50×75 cm	台班	0.0003	0.0004	0.0004	
	99070550	载重汽车 8 t	台班	0.0025	0.0033	0.0037	
	99110022	工程修理车 4 t	台班	0.0063	0.0083	0.0089	0.0857
	99250010	交流弧焊机 21 kV·A	台班	0.0036	0.0038	0.0051	
	99270060	电焊条烘干箱 600×500×750	台班	0.0003	0.0002	0.0004	
	99440030	电动单级离心清水泵 φ100	台班				0.2078

工作内容：调压，关、开调压器及进出口阀门，装拆临时旁通，放散。

定额编号			G-5-1-5
项目			调压处置
			组
预算定额编号	预算定额名称	预算定额单位	数量
06-5-1-32	调压处置 公称直径200 mm以内	组	0.5000
06-5-1-33	调压处置 公称直径300 mm以内	组	0.5000

工作内容：调压，关、开调压器及进出口阀门，装拆临时旁通，放散。

	定额编号			G-5-1-5
	项目			调压处置
	名组称		单位	
人工	00150101	综合人工	工日	4.7084
材料	01610106	铈钨棒	g	5.9292
	03014283	镀锌六角螺栓连母垫 M16	套	32.6400
	03130123	电焊条 J507	kg	3.6852
	03130927	碳钢氩弧焊丝（H08MnR）ϕ3	kg	0.1218
	14390101	氧气	m³	2.6940
	14390302	乙炔气	kg	0.8980
	14390701	氩气	m³	0.3378
	17070283	无缝钢管 D108×6	m	5.1000
	18030320	钢制弯头 DN100	只	4.0000
	19010033	法兰阀门 DN100	只	0.1000
	20010213	平焊钢法兰 DN100	片	4.0000
	20330319	聚四氟乙烯垫片 DN100	片	4.12
	34110801	天然气	m³	250.0000
机械	99070550	载重汽车 8 t	台班	0.0726
	99110022	工程修理车 4 t	台班	0.4785
	99250010	交流弧焊机 21 kV·A	台班	1.4829
	99250440	氩弧焊机 500 A	台班	1.0200
	99270060	电焊条烘干箱 600×500×750	台班	0.1449

第二节 停输连接工程

说　　明

1. 本节定额包括镀锌钢管新旧管连接、钢管新旧管连接、铸铁管新旧管连接、聚乙烯管新旧管连接、室外立管连接（挠性补偿器）。
2. 本节定额除镀锌钢管新旧管连接外，其余新旧管连接均按地下管沟作业考虑，但定额内未包括土方工程和措施工程，可参考本定额第一章和第六章相关子目。
3. 新旧管连接工程均综合考虑了末端连接和嵌三通连接。
4. 室外立管连接考虑钢管连接。
5. 本节定额管道连接全部按同口径考虑，当发生不同口径管道连接时，以口径大的一端套取定额，人工、机械不作调整，其材料按设计作调整。
6. 新旧管连接安装因交通、障碍、过路、过河等因素发生的空管接拢，参照末端连接内容，其人工、机械乘以 0.5 系数。
7. 发生不同材质管道连接时按母管材质的相应定额执行。
8. 新旧管连接均未包括支墩、阀门井等工作内容。
9. 新旧管连接已包括无损检测、摄片和防腐工作内容。

工程量计算规则

1. 本节定额均以"处"为计量单位。
2. 新旧管连接的管道长度综合取定，如与现场情况不符，不作调整。
3. 管道连接工作坑的路面拆除和土方工程套用第一章相关定额，其工作坑尺寸按表 5-1 计算。

表 5-1　连接工作坑尺寸

管径（mm 以内）	DN150	DN300	DN500	DN700	DN1000
连接坑长度（m）	3.5	4.4	5.4	6.6	8.2
连接坑宽度（m）	1.6	2.0	2.6	3.0	3.6
增加深度（m）	0.3	0.3	0.4	0.4	0.5

工作内容: 1,2. 镀锌钢管新旧管连接。
3,4. 钢管新旧管连接,接口防腐,无损探伤。

定额编号			G-5-2-1	G-5-2-2	G-5-2-3	G-5-2-4
项 目			镀锌钢管新旧管连接		钢管新旧管连接	
			公称直径 50 mm 以内	公称直径 100 mm 以内	公称直径 100 mm 以内	公称直径 150 mm 以内
			处	处	处	处
预算定额编号	预算定额名称	预算定额单位	数 量			
06-2-7-16	接口外防腐 热收缩套 DN100 普通级	个			5.0000	
06-2-7-18	接口外防腐 热收缩套 DN150 普通级	个				5.0000
06-2-7-48	管道焊缝 X 射线摄影 80× 150 mm 管壁厚 16 mm 以内	张			30.0000	30.0000
06-5-2-12	燃气镀锌钢管末端连接 公称直径 50 mm 以内	处	0.5000			
06-5-2-14	燃气镀锌钢管末端连接 公称直径 100 mm 以内	处		0.5000		
06-5-2-15	钢管嵌三通连接(钢管) 公称直径 100 mm 以内	处			0.5000	
06-5-2-16	钢管嵌三通连接(钢管) 公称直径 150 mm 以内	处				0.5000
06-5-2-22	钢管末端连接(钢管) 公称直径 100 mm 以内	处			0.5000	
06-5-2-23	钢管末端连接(钢管) 公称直径 150 mm 以内	处				0.5000
06-5-2-5	燃气镀锌钢管嵌三通连接 公称直径 50 mm 以内	处	0.5000			
06-5-2-7	燃气镀锌钢管嵌三通连接 公称直径 100 mm 以内	处		0.5000		

工作内容：1，2. 镀锌钢管新旧管连接。
3，4. 钢管新旧管连接，接口防腐，无损探伤。

	定额编号		G-5-2-1	G-5-2-2	G-5-2-3	G-5-2-4
			镀锌钢管新旧管连接		钢管新旧管连接	
	项 目		公称直径 50 mm 以内	公称直径 100 mm 以内	公称直径 100 mm 以内	公称直径 150 mm 以内
	名 称	单位	处	处	处	处
人工	00150101 综合人工	工日	1.1958	2.0915	14.2610	15.9116
材料	01290102 热轧钢板 综合	kg			16.3280	16.3280
	01610106 铈钨棒	g			1.9144	3.2508
	02130312 聚四氟乙烯带(生料带) 宽度25	m	3.8434			
	02130313 聚四氟乙烯带(生料带) 宽度40	m		5.4768		
	02130314 聚四氟乙烯带(生料带) 宽度50	m		3.6512		
	03110212 尼龙砂轮片 $\phi 100$	片			0.1333	0.2702
	03110262 钢丝砂轮片 $\phi 150$	片			4.0000	5.0000
	03130123 电焊条 J507	kg			1.8888	2.8322
	03130927 碳钢氩弧焊丝（H08MnR） $\phi 3$	kg			0.3418	0.5805
	14310731 硫代硫酸钠	g			434.7000	434.7000
	14390101 氧气	m³			2.1675	3.3350
	14390302 乙炔气	kg			2.7178	4.3295
	14390701 氩气	m³			0.9572	1.6254
	14414001 热熔胶	kg			2.5000	2.5000
	16110211 X光透视用铅板 80×150	块			1.1400	1.1400
	16110311 X光软胶片 80×150	张			36.0000	36.0000
	16110710 增感纸 80×150	张			1.5000	1.5000
	17010867 燃气直缝焊接钢管 $\phi 159 \times 6$	m				1.5300
	17030126 镀锌焊接钢管 DN50	m	0.1560			
	17030130 镀锌焊接钢管 DN100	m		0.1560		
	17070283 无缝钢管 D108×6	m			1.5300	
	18030421 钢制三通 DN100	个			0.5000	
	18030422 钢制三通 DN150	个				0.5000

(续表)

	定 额 编 号		G-5-2-1	G-5-2-2	G-5-2-3	G-5-2-4
	项 目		镀锌钢管新旧管连接		钢管新旧管连接	
			公称直径 50 mm 以内	公称直径 100 mm 以内	公称直径 100 mm 以内	公称直径 150 mm 以内
	名 称	单位	处	处	处	处
材料	18035122 镀锌三通 DN50	个	0.5100			
	18035125 镀锌三通 DN100	个		0.5100		
	18035316 镀锌外接头 DN50	个	0.5100			
	18035319 镀锌外接头 DN100	个		0.5100		
	18035516 镀锌内接头 DN50	个	1.0200			
	18035520 镀锌内接头 DN100	个		1.0200		
	18151216 镀锌活接头 DN50	只	1.5300			
	18151219 镀锌活接头 DN100	只		1.5300		
	18293031 热收缩套 DN100	个			5.2500	
	18293033 热收缩套 DN150	个				5.2500
	27170510 自粘性橡胶绝缘胶带	m			20.7000	20.7000
机械	98430432 红外线测温仪（SMART）	台班			0.1500	0.1500
	99070550 载重汽车 8 t	台班				0.0630
	99090350 汽车式起重机 5 t	台班				0.0935
	99110022 工程修理车 4 t	台班			0.9630	1.2650
	99190700 管子切断机 $\phi60$	台班	0.0050			
	99190710 管子切断机 $\phi150$	台班		0.0473		
	99190750 管子切断套丝机 $\phi159$	台班	0.0735	0.0633		
	99191280 电动割管机	台班			0.0638	0.0863
	99250010 交流弧焊机 21 kV·A	台班			0.7418	1.0804
	99250440 氩弧焊机 500 A	台班			0.1806	0.2387
	99270060 电焊条烘干箱 600×500×750	台班			0.0323	0.0484
	99290010 X光胶片脱水烘干机 ZTH-340	台班			0.2100	0.2100
	99290050 X光探伤机 2005	台班			3.0360	3.0360
	99440010 电动单级离心清水泵 $\phi50$	台班				0.1750
	99450360 轴流通风机 7.5 kW	台班			0.4462	0.6117

工作内容：钢管新旧管连接，接口防腐，无损探伤。

定额编号			G-5-2-5	G-5-2-6	G-5-2-7	G-5-2-8
项目			钢管新旧管连接			
			公称直径 200 mm 以内	公称直径 300 mm 以内	公称直径 500 mm 以内	公称直径 700 mm 以内
			处	处	处	处
预算定额编号	预算定额名称	预算定额单位	数 量			
06-2-7-20	接口外防腐 热收缩套 DN200 普通级	个	5.0000			
06-2-7-22	接口外防腐 热收缩套 DN300 普通级	个		5.0000		
06-2-7-24	接口外防腐 热收缩套 DN500 普通级	个			5.0000	
06-2-7-26	接口外防腐 热收缩套 DN700 普通级	个				5.0000
06-2-7-41	管道焊缝超声波探伤 200 mm 以内	一个口	5.0000			
06-2-7-42	管道焊缝超声波探伤 300 mm 以内	一个口		5.0000		
06-2-7-43	管道焊缝超声波探伤 500 mm 以内	一个口			5.0000	
06-2-7-44	管道焊缝超声波探伤 700 mm 以内	一个口				5.0000
06-2-7-46	管道焊缝 X 射线摄影 80×300 mm 管壁厚 16 mm 以内	张	20.0000	30.0000	40.0000	60.0000
06-5-2-17	钢管嵌三通连接（钢管）公称直径 200 mm 以内	处	0.5000			
06-5-2-18	钢管嵌三通连接（钢管）公称直径 300 mm 以内	处		0.5000		
06-5-2-19	钢管嵌三通连接（钢管）公称直径 500 mm 以内	处			0.5000	
06-5-2-20	钢管嵌三通连接（钢管）公称直径 700 mm 以内	处				0.5000
06-5-2-24	钢管末端连接（钢管）公称直径 200 mm 以内	处	0.5000			
06-5-2-25	钢管末端连接（钢管）公称直径 300 mm 以内	处		0.5000		
06-5-2-26	钢管末端连接（钢管）公称直径 500 mm 以内	处			0.5000	
06-5-2-27	钢管末端连接（钢管）公称直径 700 mm 以内	处				0.5000

工作内容：钢管新旧管连接，接口防腐，无损探伤。

定额编号				G-5-2-5	G-5-2-6	G-5-2-7	G-5-2-8
项目				钢管新旧管连接			
				公称直径 200 mm 以内	公称直径 300 mm 以内	公称直径 500 mm 以内	公称直径 700 mm 以内
名 称			单位	处	处	处	处
人工	00150101	综合人工	工日	15.6060	21.1835	30.2675	46.0840
材料	01290102	热轧钢板 综合	kg	26.7432	26.7432	43.0023	49.9103
	01610106	铈钨棒	g	3.8287	4.0744	7.1517	10.0413
	03110212	尼龙砂轮片 ϕ100	片	0.3745	0.5395	1.2380	1.7645
	03110262	钢丝砂轮片 ϕ150	片	6.0000	7.5000	6.0000	7.5000
	03130123	电焊条 J507	kg	6.0714	9.1216	18.0181	24.6487
	03130927	碳钢氩弧焊丝（H08MnR）ϕ3	kg	0.6837	0.7276	1.2771	1.7931
	14070101	机油	kg	0.1630	0.3255	0.5020	0.5895
	14310731	硫代硫酸钠	g	414.0000	621.0000	828.0000	1 242.0000
	14351801	耦合剂	kg	1.0175	1.7760	2.6625	3.1415
	14390101	氧气	m³	4.5577	6.4292	17.9337	23.2250
	14390302	乙炔气	kg	5.5626	7.8319	5.9865	7.7415
	14390701	氩气	m³	1.9144	2.0372	3.5759	5.0207
	14414001	热熔胶	kg	2.5000	2.5000	2.5000	2.5000
	16110212	X光透视用铅板 80×300	块	0.7600	1.1400	1.5200	2.2800
	16110312	X光软胶片 80×300	张	24.0000	36.0000	48.0000	72.0000
	16110711	增感纸 80×300	张	1.0000	1.5000	2.0000	3.0000
	17010869	燃气直缝焊接钢管 ϕ219×8	m	1.5300			
	17010871	钢管 D325×8	m		1.5300		
	17010877	钢管 D529×10	m			1.5300	
	17010879	钢管 D720×10	m				1.5300
	18030423	钢制三通 DN200	个	0.5000			
	18030425	钢制三通 DN300	个		0.5000		
	18030427	钢制三通 DN500	个			0.5000	
	18030429	钢制三通 DN700	个				0.5000
	18293035	热收缩套 DN200	个	5.2500			
	18293037	热收缩套 DN300	个		5.2500		
	18293039	热收缩套 DN500	个			5.2500	
	18293041	热收缩套 DN700	个				5.2500
	27170510	自粘性橡胶绝缘胶带	m	12.2000	18.3000	24.4000	36.6000
	28431001	探头线	根	0.0040	0.0060	0.0065	0.0075
机械	98430432	红外线测温仪（SMART）	台班	0.1500	0.1500	0.1500	0.1500
	99070550	载重汽车 8 t	台班	0.0742	0.0880	0.1320	0.1870
	99090350	汽车式起重机 5 t	台班	0.1100	0.1237	0.0990	

(续表)

定额编号			G-5-2-5	G-5-2-6	G-5-2-7	G-5-2-8
项目			钢管新旧管连接			
			公称直径 200 mm 以内	公称直径 300 mm 以内	公称直径 500 mm 以内	公称直径 700 mm 以内
	名　称	单位	处	处	处	处
机械	99090360 汽车式起重机 8 t	台班				0.1650
	99110022 工程修理车 4 t	台班	1.8050	2.3975	3.7250	4.9025
	99191210 攻丝打眼机 $\phi 80$	台班				0.2500
	99191280 电动割管机	台班	0.1048	0.1148	0.2393	0.3102
	99250010 交流弧焊机 21 kV·A	台班	2.2982	3.4199	6.7447	9.2035
	99250440 氩弧焊机 500 A	台班	0.3044	0.4244	0.6541	0.8714
	99270060 电焊条烘干箱 600×500×750	台班	0.1032	0.1548	0.3096	0.4225
	99290010 X光胶片脱水烘干机 ZTH-340	台班	0.1760	0.2640	0.3520	0.5280
	99290020 超声波探伤机 CTS-22	台班	0.2640	0.4070	0.5260	0.6175
	99290050 X光探伤机 2005	台班	2.5300	3.7950	5.0600	7.5900
	99440010 电动单级离心清水泵 $\phi 50$	台班	0.2150	0.2600	0.3000	0.4050
	99450360 轴流通风机 7.5 kW	台班	0.7098	1.1664	1.7380	2.0442

工作内容：铸铁管新旧管连接。

定额编号			G-5-2-9	G-5-2-10	G-5-2-11	G-5-2-12
项目			铸铁管新旧管连接			
			公称直径 100 mm 以内	公称直径 150 mm 以内	公称直径 200 mm 以内	公称直径 300 mm 以内
			处	处	处	处
预算定额编号	预算定额名称	预算定额单位	数量			
06-5-2-29	铸铁管嵌三通连接（铸铁管）公称直径 100 mm 以内	处	0.5000			
06-5-2-30	铸铁管嵌三通连接（铸铁管）公称直径 150 mm 以内	处		0.5000		
06-5-2-31	铸铁管嵌三通连接（铸铁管）公称直径 200 mm 以内	处			0.5000	
06-5-2-32	铸铁管嵌三通连接（铸铁管）公称直径 300 mm 以内	处				0.5000
06-5-2-35	铸铁管末端连接（铸铁管）公称直径 100 mm 以内	处	0.5000			
06-5-2-36	铸铁管末端连接（铸铁管）公称直径 150 mm 以内	处		0.5000		
06-5-2-37	铸铁管末端连接（铸铁管）公称直径 200 mm 以内	处			0.5000	
06-5-2-38	铸铁管末端连接（铸铁管）公称直径 300 mm 以内	处				0.5000

工作内容：铸铁管新旧管连接。

定额编号			G-5-2-9	G-5-2-10	G-5-2-11	G-5-2-12
项目			铸铁管新旧管连接			
			公称直径 100 mm 以内	公称直径 150 mm 以内	公称直径 200 mm 以内	公称直径 300 mm 以内
	名 称	单位	处	处	处	处
人工	00150101 综合人工	工日	4.5052	5.9833	6.7713	11.3148
材料	17111711 机械式铸铁管 DN100	m	2.5000			
	17111712 机械式铸铁管 DN150	m		2.5000		
	17111713 机械式铸铁管 DN200	m			2.5000	
	17111714 机械式铸铁管 DN300	m				2.5000
	18012811 机械式铸铁三通 DN100	只	0.5000			
	18012812 机械式铸铁三通 DN150	只		0.5000		
	18012813 机械式铸铁三通 DN200	只			0.5000	
	18012814 机械式铸铁三通 DN300	只				0.5000
	18012911 机械式铸铁管接口附件 DN100	套	5.1000			
	18012912 机械式铸铁管接口附件 DN150	套		5.1000		
	18012913 机械式铸铁管接口附件 DN200	套			5.1000	
	18012914 机械式铸铁管接口附件 DN300	套				5.1000
	18013110 机械式铸铁平插 DN100	只	0.5000			
	18013111 机械式铸铁平插 DN150	只		0.5000		
	18013112 机械式铸铁平插 DN200	只			0.5000	
	18013113 机械式铸铁平插 DN300	只				0.5000
	18013211 机械式铸铁平承 DN100	只	0.5000			
	18013212 机械式铸铁平承 DN150	只		0.5000		
	18013213 机械式铸铁平承 DN200	只			0.5000	
	18013214 机械式铸铁平承 DN300	只				0.5000
	18013311 机械式铸铁套筒 DN100	只	1.0000			
	18013312 机械式铸铁套筒 DN150	只		1.0000		
	18013313 机械式铸铁套筒 DN200	只			1.0000	
	18013314 机械式铸铁套筒 DN300	只				1.0000
	34110801 天然气	m³	0.0362	0.0803	0.1618	0.3750
机械	99070550 载重汽车 8 t	台班		0.0546	0.0636	0.0764
	99090350 汽车式起重机 5 t	台班		0.0767	0.0895	0.1074
	99110022 工程修理车 4 t	台班	0.2195	0.3136	0.3659	0.4391
	99191280 电动割管机	台班	0.0572	0.0769	0.0930	0.1022
	99450360 轴流通风机 7.5 kW	台班	0.4561	0.6559	0.7228	1.0842

工作内容：1. 铸铁管新旧管连接。
2，3，4. 聚乙烯管新旧管连接。

定 额 编 号			G-5-2-13	G-5-2-14	G-5-2-15	G-5-2-16
项 目			铸铁管新旧管连接	聚乙烯管新旧管连接		
			公称直径 500 mm 以内	管外径 110 mm 以内	管外径 160 mm 以内	管外径 200 mm 以内
			处	处	处	处
预算定额编号	预算定额名称	预算定额单位	数 量			
06-5-2-33	铸铁管嵌三通连接（铸铁管）公称直径 500 mm 以内	处	0.5000			
06-5-2-39	铸铁管末端连接（铸铁管）公称直径 500 mm 以内	处	0.5000			
06-5-2-41	聚乙烯管嵌三通连接 管外径 110 mm 以内	处		0.5000		
06-5-2-42	聚乙烯管嵌三通连接 管外径 160 mm 以内	处			0.5000	
06-5-2-43	聚乙烯管嵌三通连接 管外径 200 mm 以内	处				0.5000
06-5-2-45	聚乙烯管末端连接 管外径 110 mm 以内	处		0.5000		
06-5-2-46	聚乙烯管末端连接 管外径 160 mm 以内	处			0.5000	
06-5-2-47	聚乙烯管末端连接 管外径 200 mm 以内	处				0.5000

工作内容:1. 铸铁管新旧管连接。
2,3,4. 聚乙烯管新旧管连接。

定额编号			G-5-2-13	G-5-2-14	G-5-2-15	G-5-2-16
项目			铸铁管新旧管连接	聚乙烯管新旧管连接		
			公称直径 500 mm 以内	管外径 110 mm 以内	管外径 160 mm 以内	管外径 200 mm 以内
名 称		单位	处	处	处	处
人工	00150101	综合人工	工日	19.5411	1.8616	2.7512	3.2784
材料	03211001	钢锯条	根		0.4406	0.4896	
	17111716	机械式铸铁管 DN500	m	2.5000			
	17250859	聚乙烯管（PE）dn110	m		1.6200		
	17250860	聚乙烯管（PE）dn160	m			1.6200	
	17250861	聚乙烯管（PE）dn200	m				1.6200
	18012816	机械式铸铁三通 DN500	只	0.5000			
	18012916	机械式铸铁管接口附件 DN500	套	5.1000			
	18013115	机械式铸铁平插 DN500	只	0.5000			
	18013216	机械式铸铁平承 DN500	只	0.5000			
	18013316	机械式铸铁套筒 DN500	只	1.0000			
	18096615	聚乙烯（PE）三通 dn110	只		0.5050		
	18096616	聚乙烯（PE）三通 dn160	只			0.5050	
	18096617	聚乙烯（PE）三通 dn200	只				0.5050
	18096836	聚乙烯套筒（PE、电熔）dn110	个		1.5150		
	18096837	聚乙烯套筒（PE、电熔）dn160	个			1.5150	
	18096838	聚乙烯套筒（PE、电熔）dn200	个				1.5150
	34110801	天然气	m³	1.2717			
机械	99070550	载重汽车 8 t	台班	0.1145			0.0573
	99090350	汽车式起重机 5 t	台班	0.1193			0.0805
	99110022	工程修理车 4 t	台班	0.5966	0.2685	0.3221	0.4475
	99190760	聚乙烯专用断管机	台班				0.0978
	99191280	电动割管机	台班	0.2109			
	99250422	全自动电熔焊机 HWD-350	台班		0.1431	0.1909	0.2387
	99450360	轴流通风机 7.5 kW	台班	1.6565			

工作内容: 1. 聚乙烯管新旧管连接。
2,3,4. 钢管安装,外防腐,接口防腐,无损探伤,气压试验,气密性试验,管道吹扫,管道清通,室外立管连接(挠性补偿器)。

定额编号			G-5-2-17	G-5-2-18	G-5-2-19	G-5-2-20
项目			聚乙烯管新旧管连接	室外立管连接(挠性补偿器)		
			管外径 315 mm 以内	公称直径 100 mm 以内	公称直径 150 mm 以内	公称直径 200 mm 以内
			处	处	处	处
预算定额编号	预算定额名称	预算定额单位	数 量			
06-2-1-18【系】	3PE防腐无缝钢管 φ108×6	m		1.5000		
06-2-1-19	钢管安装(氩电联焊) D159×8 mm	m			1.5000	
06-2-1-20	钢管安装(氩电联焊) D219×8 mm	m				1.5000
06-2-2-19	钢制管件(弯头)安装(氩电联焊)公称直径100 mm以内	个		1.0000		
06-2-2-20	钢制管件(弯头)安装(氩电联焊)公称直径150 mm以内 管壁厚16 mm以内	个			1.0000	
06-2-2-21	钢制管件(弯头)安装(氩电联焊)公称直径200 mm以内	个				1.0000
06-2-3-10【系】	碳钢平焊法兰安装 200 mm以内	副				3.0000
06-2-3-3【系】	螺纹法兰安装 100 mm以内	副		1.0000		
06-2-3-8【系】	碳钢平焊法兰安装 100 mm以内	副		3.0000		
06-2-3-9【系】	碳钢平焊法兰安装 150 mm以内	副			3.0000	
06-2-6-24	镀锌钢管拆除 公称直径 50 mm以内	m		1.0000	1.0000	1.0000
06-2-7-1	管道除锈	m²		0.1700	0.2500	0.3400
06-2-7-16	接口外防腐 热收缩套 DN100 普通级	个		7.0000		
06-2-7-18	接口外防腐 热收缩套 DN150 普通级	个			7.0000	
06-2-7-20	接口外防腐 热收缩套 DN200 普通级	个				7.0000
06-2-7-48	管道焊缝X射线摄影 80×150 mm 管壁厚16 mm以内	张		44.0000	44.0000	44.0000
06-2-7-7	刷油 管道调和漆 第一遍	m²		0.1700	0.2500	0.3400
06-2-7-7【换】	刷油 管道红丹防锈漆 第一遍	m²		0.1700	0.2500	0.3400

(续表)

定额编号			G-5-2-17	G-5-2-18	G-5-2-19	G-5-2-20
项目			聚乙烯管新旧管连接	室外立管连接（挠性补偿器）		
			管外径 315 mm 以内	公称直径 100 mm 以内	公称直径 150 mm 以内	公称直径 200 mm 以内
			处	处	处	处
预算定额编号	预算定额名称	预算定额单位	数　量			
06-2-7-8	刷油 管道调和漆 第二遍	m²		0.1700	0.2500	0.3400
06-2-7-8【换】	刷油 管道红丹防锈漆 第二遍	m²		0.1700	0.2500	0.3400
06-2-8-15	气密性试验 公称直径 100 mm 以内	m		1.5000		
06-2-8-16	气密性试验 公称直径 150 mm 以内	m			1.5000	
06-2-8-17	气密性试验 公称直径 200 mm 以内	m				1.5000
06-2-8-2	气压试验 公称直径 100 mm 以内	m		1.5000		
06-2-8-24	管道吹扫 公称直径 100 mm 以内	m		3.0000		
06-2-8-25	管道吹扫 公称直径 150 mm 以内	m			3.0000	
06-2-8-26	管道吹扫 公称直径 200 mm 以内	m				3.0000
06-2-8-3	气压试验 公称直径 150 mm 以内	m			1.5000	
06-2-8-33	管道清通清管器 公称直径 300 mm 以内	m		3.0000	3.0000	3.0000
06-2-8-4	气压试验 公称直径 200 mm 以内	m				1.5000
06-5-2-44	聚乙烯管嵌三通连接 管外径 315 mm 以内	处	0.5000			
06-5-2-48	聚乙烯管末端连接 管外径 315 mm 以内	处	0.5000			
06-5-2-53	室外立管连接（挠性补偿器）公称直径 100 mm 以内	处		1.0000		
06-5-2-54	室外立管连接（挠性补偿器）公称直径 150 mm 以内	处			1.0000	
06-5-2-55	室外立管连接（挠性补偿器）公称直径 200 mm 以内	处				1.0000

工作内容: 1. 聚乙烯管新旧管连接。
2,3,4. 钢管安装,外防腐,接口防腐,无损探伤,气压试验,气密性试验,管道吹扫,管道清通,室外立管连接(挠性补偿器)。

	定额编号		G-5-2-17	G-5-2-18	G-5-2-19	G-5-2-20
			聚乙烯管新旧管连接	室外立管连接(挠性补偿器)		
	项目		管外径 315 mm 以内	公称直径 100 mm 以内	公称直径 150 mm 以内	公称直径 200 mm 以内
	名称	单位	处	处	处	处
人工	00150101 综合人工	工日	4.0944	20.0257	21.2147	24.3869
材料	01210102 等边角钢	kg		0.0167	0.0240	0.0300
	01290102 热轧钢板 综合	kg		0.8602	0.9212	1.0167
	01610106 铈钨棒	g		3.6507	5.3620	7.3012
	02010183 橡胶板(中压)δ0.8~6	kg		0.0105	0.0150	0.0198
	02130312 聚四氟乙烯带(生料带) 宽度25	m		0.0769	0.0769	0.0769
	02130313 聚四氟乙烯带(生料带) 宽度40	m	2.2270			
	03014283 镀锌六角螺栓连母垫 M16	套		36.8595		
	03014285 镀锌六角螺栓连母垫 M20	套			28.7460	28.7832
	03110212 尼龙砂轮片 φ100	片		0.5587	0.9877	1.4528
	03110262 钢丝砂轮片 φ150	片		5.6000	7.0000	8.4000
	03130123 电焊条 J507	kg		4.2657	6.8472	13.5643
	03130927 碳钢氩弧焊丝(H08MnR)φ3	kg		0.6519	0.2070	0.2438
	13010115 酚醛调和漆	kg		0.0808	0.1195	0.1613
	14030401 柴油	kg		0.5382	0.5382	0.5382
	14050201 松香水	kg		0.0072	0.0105	0.0143
	14310731 硫代硫酸钠	g		637.5600	637.5600	637.5600
	14390101 氧气	m³		4.1847	6.2575	8.6918
	14390302 乙炔气	kg		4.1880	6.5911	8.5573
	14390701 氩气	m³		1.8254	3.0996	3.6507
	14414001 热熔胶	kg		3.5000	3.5000	3.5000
	16110211 X光透视用铅板 80×150	块		1.6720	1.6720	1.6720
	16110311 X光软胶片 80×150	张		52.8000	52.8000	52.8000
	16110710 增感纸 80×150	张		2.2000	2.2000	2.2000
	17010867 燃气直缝焊接钢管 φ159×6	m			1.0105	
	17010869 燃气直缝焊接钢管 φ219×8	m				1.0105

(续表)

定额编号			G-5-2-17	G-5-2-18	G-5-2-19	G-5-2-20
项 目			聚乙烯管新旧管连接	室外立管连接（挠性补偿器）		
			管外径 315 mm 以内	公称直径 100 mm 以内	公称直径 150 mm 以内	公称直径 200 mm 以内
	名 称	单位	处	处	处	处
材料	17070279	无缝钢管 D57×4	m		0.0060	0.0060	0.0060
	17070283	无缝钢管 D108×6	m		1.0105		
	17010867	燃气三 PE 防腐直缝钢管 φ159×6	m			1.0200	
	17010425	燃气三 PE 防腐直缝钢管 φ219×8	m				1.0200
	17250865	聚乙烯管（PE）dn315	m	1.6200			
	17070283	3PE 防腐无缝钢管 φ108×6	只		1.0200		
	18030320	钢制弯头 DN100	只		3.0000		
	18030321	钢制大立管 DN150	套			1.0000	
	18030322	钢制大立管 DN200	套				1.0000
	18030320	钢制大立管 DN100	套		1.0000		
	18030321	钢制弯头 DN150	只			3.0000	
	18030322	钢制弯头 DN200	只				3.0000
	18096620	聚乙烯（PE）三通 dn315	只	0.5050			
	18096841	聚乙烯套筒（PE、电熔）dn315	个	1.5150			
	18151616	镀锌管堵 DN50	个		0.1020	0.1020	0.1020
	18211623	挠性补偿器 DN100	只		1.0600		
	18211625	挠性补偿器 DN150	只			1.0600	
	18211627	挠性补偿器 DN200	只				1.0600
	18293031	热收缩套 DN100	个		7.3500		
	18293033	热收缩套 DN150	个			7.3500	
	18293035	热收缩套 DN200	个				7.3500
	19010017030	球阀 RSQL-DN50X	只		0.0060	0.0060	0.0060
	20010014	螺纹法兰 DN100	片		1.0000		
	20010211	平焊钢法兰 DN50	片		0.0240	0.0240	0.0240
	20010213	平焊钢法兰 DN100	片		7.12		
	20010214	平焊钢法兰 DN150	片			7.12	
	20010215	平焊钢法兰 DN200	片				7.12

(续表)

	定额编号		G-5-2-17	G-5-2-18	G-5-2-19	G-5-2-20
	项 目		聚乙烯管新旧管连接	室外立管连接（挠性补偿器）		
			管外径 315 mm 以内	公称直径 100 mm 以内	公称直径 150 mm 以内	公称直径 200 mm 以内
	名 称	单位	处	处	处	处
材料	20330319 聚四氟乙烯垫片 DN100	片		7.2100		
	20330321 聚四氟乙烯垫片 DN150	片			7.2100	
	20330323 聚四氟乙烯垫片 DN200	片				7.2100
	24110112 压力表 0~2.5 MPa	套		0.0006	0.0006	0.0006
	27170510 自粘性橡胶绝缘胶带	m		30.3600	30.3600	30.3600
	35060411 清通器 DN300	只		0.0006	0.0006	0.0006
机械	98430432 红外线测温仪（SMART）	台班		0.2100	0.2100	0.2100
	98530470 火花检测仪	台班		0.0120	0.0120	0.0120
	99070520 载重汽车 4 t	台班		0.0062	0.0081	0.0123
	99070550 载重汽车 8 t	台班	0.0688			
	99070560 载重汽车 10 t	台班		0.0060	0.0060	0.0060
	99090350 汽车式起重机 5 t	台班	0.0966	0.0406	0.0447	0.0595
	99090390 汽车式起重机 12 t	台班		0.0060	0.0060	0.0060
	99110022 工程修理车 4 t	台班	0.5369	0.8400	1.2166	1.6800
	99190700 管子切断机 ϕ60	台班		0.1000	0.1000	0.1000
	99190760 聚乙烯专用断管机	台班	0.1303			
	99191230 手提砂轮机 ϕ150	台班		0.0085	0.0125	0.0170
	99191390 电动套丝机 TQ3A	台班		0.0200	0.0200	0.0200
	99230180 砂轮切割机 ϕ500	台班		0.0030	0.0037	0.0060
	99250010 交流弧焊机 21 kV·A	台班		1.6575	2.4733	4.9565
	99250422 全自动电熔焊机 HWD-350	台班	0.2864			
	99250440 氩弧焊机 500 A	台班		0.3444	0.4551	0.5805
	99270060 电焊条烘干箱 600×500×750	台班		0.1224	0.1532	0.2577
	99290010 X光胶片脱水烘干机 ZTH-340	台班		0.3080	0.3080	0.3080
	99290050 X光探伤机 2005	台班		4.4528	4.4528	4.4528
	99430290 内燃空气压缩机 6 m³/min	台班		0.0075	0.0081	0.0081
	99440010 电动单级离心清水泵 ϕ50	台班			0.2450	0.3010

第三节 不停输连接工程

说 明

1. 本节定额包括连接器开孔连接（钢管）、连接器开孔连接（铸铁管）、封堵开孔连接。
2. 连接器开孔连接按母管材质和开孔口径设立定额。
3. 封堵开孔连接已综合考虑单侧单堵、等径向上开孔、等径向下开孔。
4. 本节定额未包括土方工程和措施工程，可参考本定额第一章和第六章相关子目。
5. 本节定额适用 0.4 MPa 以下管道不停输连接工程。如发生 0.4 MPa 以上管道不停输连接，需按设计要求另行计算。
6. 本节定额未考虑封堵开孔连接时安装临时旁通管的内容，如设计需搭设临时旁通管，按管道安装的相关定额执行，材料按临时管计算方式计取。
7. 封堵开孔连接已包括无损检测、摄片和防腐工作内容。

工程量计算规则

本节定额均以"处"为计量单位。

工作内容：安拆开孔机，安装连接器，开孔，焊接法兰，焊接异径接头，安拆提刀器。

定 额 编 号			G-5-3-1	G-5-3-2	G-5-3-3	G-5-3-4
项 目			连接器开孔连接（钢管）			
			开孔公称直径 100 mm 以内	开孔公称直径 150 mm 以内	开孔公称直径 200 mm 以内	开孔公称直径 300 mm 以内
			处	处	处	处
预算定额编号	预算定额名称	预算定额单位	数 量			
06-5-3-11	连接器开孔连接（钢管连接钢管）钢管主管 D720 开孔 D325	处				1.0000
06-5-3-3	连接器开孔连接（钢管连接钢管）钢管主管 D325 开孔 D108	处	1.0000			
06-5-3-6	连接器开孔连接（钢管连接钢管）钢管主管 D325 开孔 D159	处		1.0000		
06-5-3-9	连接器开孔连接（钢管连接钢管）钢管主管 D520 开孔 D219	处			1.0000	

工作内容：安拆开孔机，安装连接器，开孔，焊接法兰，焊接异径接头，安拆提刀器。

定 额 编 号			G-5-3-1	G-5-3-2	G-5-3-3	G-5-3-4
项 目			连接器开孔连接（钢管）			
			开孔公称直径 100 mm 以内	开孔公称直径 150 mm 以内	开孔公称直径 200 mm 以内	开孔公称直径 300 mm 以内
	名 称	单位	处	处	处	处
人工	00150101 综合人工	工日	6.1236	6.7360	8.1622	9.7945
材料	01290102 热轧钢板 综合	kg	0.2700	0.4100	0.5000	0.6900
	01610106 铈钨棒	g	2.1538	2.7754	3.9984	5.0087
	03110212 尼龙砂轮片 ϕ100	片	0.2245	0.2950	0.5538	0.7875
	03130123 电焊条 J507	kg	3.7068	4.1457	8.4109	11.8856
	03130927 碳钢氩弧焊丝（H08MnR）ϕ3	kg	0.3846	0.4956	0.7140	0.8944
	14390101 氧气	m³	1.9920	2.3220	3.6265	4.9980
	14390302 乙炔气	kg	0.6639	0.7740	1.2110	1.6660
	14390701 氩气	m³	1.0769	1.3877	1.9992	2.5044
	18314223 焊接式连接器 DN300	只	1.0000	1.0000		
	18314224 焊接式连接器 DN500	只			1.0000	
	18314225 焊接式连接器 DN700	只				1.0000
机械	99030820 带压开孔机 DN100	台班	0.3147			
	99030822 带压开孔机 DN150	台班		0.3188		
	99030830 带压开孔机 DN200	台班			0.3395	
	99030840 带压开孔机 DN300	台班				0.3518
	99070550 载重汽车 8 t	台班	0.4253	0.5324	0.5669	0.5875
	99090350 汽车式起重机 5 t	台班	0.0316	0.0316	0.0316	
	99090360 汽车式起重机 8 t	台班				0.0359
	99110022 工程修理车 4 t	台班	0.4950	0.4950	0.5500	0.6050
	99250130 直流弧焊机 14 kW	台班	1.4056	1.5631	3.1603	4.4447
	99250440 氩弧焊机 500 A	台班	0.2156	0.2426	0.3444	0.4676
	99270060 电焊条烘干箱 600×500×750	台班	0.0630	0.0705	0.1440	0.2030
	99450070 提刀器 DN100	台班	0.1772			
	99450080 提刀器 DN150	台班		0.1994		
	99450090 提刀器 DN200	台班			0.2123	
	99450100 提刀器 DN300	台班				0.2448

工作内容: 1,2,3. 安拆开孔机,安装连接器,开孔,机械接口异径接头,安拆提刀器。
4. 施工准备,管件组对安装,安拆夹板阀,安拆下堵器,安拆开孔联箱,开孔,堵气,盖盲板,外表检漏,接口防腐,无损探伤。

定额编号			G-5-3-5	G-5-3-6	G-5-3-7	G-5-3-8
项目			连接器开孔连接（铸铁管）			封堵开孔连接
			开孔公称直径 100 mm 以内	开孔公称直径 150 mm 以内	开孔公称直径 200 mm 以内	公称直径 100 mm 以内
			处	处	处	处
预算定额编号	预算定额名称	预算定额单位	数 量			
06-2-7-16	接口外防腐 热收缩套 DN100 普通级	个				6.0000
06-2-7-40	管道焊缝超声波探伤 100 mm 以内	一个口				6.0000
06-2-7-48	管道焊缝 X 射线摄影 80×150 mm 管壁厚 16 mm 以内	张				36.0000
06-5-3-14	连接器开孔连接（铸铁管连接铸铁管）铸铁管主管 DN300 开孔 DN100	处	1.0000			
06-5-3-16	连接器开孔连接（铸铁管连接铸铁管）铸铁管主管 DN300 开孔 DN150	处		1.0000		
06-5-3-19	连接器开孔连接（铸铁管连接铸铁管）铸铁管主管 DN500 开孔 DN200	处			1.0000	
06-5-3-38	封堵开孔连接（等径向上开孔）公称直径 100 mm 以内	处				1.0000

工作内容: 1,2,3.安拆开孔机,安装连接器,开孔,机械接口异径接头,安拆提刀器。
4.施工准备,管件组对安装,安拆夹板阀,安拆下堵器,安拆开孔联箱,开孔,堵气,盖盲板,外表检漏,接口防腐,无损探伤。

	定 额 编 号		G-5-3-5	G-5-3-6	G-5-3-7	G-5-3-8
			连接器开孔连接(铸铁管)			封堵开孔连接
	项 目		开孔公称直径 100 mm 以内	开孔公称直径 150 mm 以内	开孔公称直径 200 mm 以内	公称直径 100 mm 以内
	名 称	单位	处	处	处	处
人工	00150101 综合人工	工日	5.4461	5.7256	7.3467	16.7050
材料	01290102 热轧钢板 综合	kg				0.4500
	01610106 铈钨棒	g				1.7808
	03014283 镀锌六角螺栓连母垫 M16	套				8.1600
	03110212 尼龙砂轮片 φ100	片				0.1230
	03110262 钢丝砂轮片 φ150	片				4.8000
	03130123 电焊条 J507	kg				1.7568
	03130927 碳钢氩弧焊丝(H08MnR)φ3	kg				0.3180
	14070101 机油	kg				0.0900
	14070401 液压油	kg				0.3000
	14090401 钙基润滑脂	kg	0.0600	0.1078	0.1580	
	14310731 硫代硫酸钠	g				521.6400
	14351801 耦合剂	kg				0.6000
	14390101 氧气	m³				2.2182
	14390302 乙炔气	kg				3.1338
	14390701 氩气	m³				0.8904
	14414001 热熔胶	kg				3.0000
	16110211 X光透视用铅板 80×150	块				1.3680
	16110311 X光软胶片 80×150	张				43.2000
	16110710 增感纸 80×150	张				1.8000
	17070283 无缝钢管 D108×6	m				1.0200
	18013012 机械式铸铁异径管接口附件 DN300	套	2.0600	2.0600		
	18013013 机械式铸铁异径管接口附件 DN500	套			2.0600	
	18039651 封堵特制钢四通 DN100	只				1.0000
	18293031 热收缩套 DN100	个				6.3000
	18314237 机械式连接器 DN300	只	1.0000	1.0000		
	18314245 机械式连接器 DN500	只			1.0000	

(续表)

定额编号			G-5-3-5	G-5-3-6	G-5-3-7	G-5-3-8
项目			连接器开孔连接（铸铁管）			封堵开孔连接
			开孔公称直径100 mm以内	开孔公称直径150 mm以内	开孔公称直径200 mm以内	公称直径100 mm以内
	名 称	单位	处	处	处	处
材料	20210911 法兰钢盖板 DN100	片				1.0000
	20330319 聚四氟乙烯垫片 DN100	片				1.0300
	27170510 自粘性橡胶绝缘胶带	m				24.8400
	28431001 探头线	根				0.0030
机械	98430432 红外线测温仪（SMART）	台班				0.1800
	99030820 带压开孔机 DN100	台班	0.2944			0.4312
	99030822 带压开孔机 DN150	台班		0.3007		
	99030830 带压开孔机 DN200	台班			0.3234	
	99070550 载重汽车 8 t	台班	0.3827	0.4210	0.5401	0.4312
	99090350 汽车式起重机 5 t	台班	0.0316	0.0316		0.4312
	99090360 汽车式起重机 8 t	台班			0.0477	
	99110022 工程修理车 4 t	台班	0.3532	0.0032	0.4295	1.5824
	99250010 交流弧焊机 21 kV·A	台班				0.6900
	99250440 氩弧焊机 500 A	台班				0.1680
	99270060 电焊条烘干箱 600×500×750	台班				0.0300
	99290010 X光胶片脱水烘干机 ZTH-340	台班				0.2520
	99290020 超声波探伤机 CTS-22	台班				0.1650
	99290050 X光探伤机 2005	台班				3.6432
	99430290 内燃空气压缩机 6 m³/min	台班				0.0020
	99430440 液压站	台班				0.5390
	99450010 断管连箱 DN100	台班				0.5390
	99450070 提刀器 DN100	台班	0.1664			
	99450080 提刀器 DN150	台班		0.1914		
	99450090 提刀器 DN200	台班			0.2077	
	99450130 封堵（膨胀）筒 DN100	台班				0.2700
	99450190 封堵连箱 DN100	台班				0.5390
	99450250 封堵器 DN100	台班				0.7277
	99450310 下堵器 DN100	台班				0.5390
	99450410 夹板阀 DN100	台班				0.5390

工作内容：施工准备，管件组对安装，安拆夹板阀，安拆下堵器，安拆开孔联箱，开孔，堵气，盖盲板，外表检漏，接口防腐，无损探伤。

定额编号			G-5-3-9	G-5-3-10	G-5-3-11	G-5-3-12
项目			封堵开孔连接			
			公称直径 150 mm 以内	公称直径 200 mm 以内	公称直径 300 mm 以内	公称直径 500 mm 以内
			处	处	处	处
预算定额编号	预算定额名称	预算定额单位	数量			
06-2-7-18	接口外防腐 热收缩套 DN150 普通级	个	6.0000			
06-2-7-20	接口外防腐 热收缩套 DN200 普通级	个		6.0000		
06-2-7-22	接口外防腐 热收缩套 DN300 普通级	个			6.0000	
06-2-7-24	接口外防腐 热收缩套 DN500 普通级	个				6.0000
06-2-7-41	管道焊缝超声波探伤 200 mm 以内	一个口	6.0000	6.0000		
06-2-7-42	管道焊缝超声波探伤 300 mm 以内	一个口			6.0000	
06-2-7-43	管道焊缝超声波探伤 500 mm 以内	一个口				6.0000
06-2-7-46	管道焊缝 X 射线摄影 80×300 mm 管壁厚 16 mm 以内	张		24.0000	36.0000	48.0000
06-2-7-48	管道焊缝 X 射线摄影 80×150 mm 管壁厚 16 mm 以内	张	36.0000			
06-5-3-39	封堵开孔连接（等径向上开孔）公称直径 150 mm 以内	处	1.0000			
06-5-3-40	封堵开孔连接（等径向上开孔）公称直径 200 mm 以内	处		1.0000		
06-5-3-41	封堵开孔连接（等径向上开孔）公称直径 300 mm 以内	处			1.0000	
06-5-3-42	封堵开孔连接（等径向上开孔）公称直径 500 mm 以内	处				1.0000

工作内容：施工准备，管件组对安装，安拆夹板阀，安拆下堵器，安拆开孔联箱，开孔，堵气，盖盲板，外表检漏，接口防腐，无损探伤。

	定额编号		G-5-3-9	G-5-3-10	G-5-3-11	G-5-3-12
			封堵开孔连接			
	项目		公称直径 150 mm 以内	公称直径 200 mm 以内	公称直径 300 mm 以内	公称直径 500 mm 以内
	名称	单位	处	处	处	处
人工	00150101 综合人工	工日	17.8116	16.4564	23.1317	32.3116
材料	01290102 热轧钢板 综合	kg	0.6300	1.4700	1.8000	2.7000
	01610106 铈钨棒	g	3.0240	3.5616	3.7902	6.6528
	03014285 镀锌六角螺栓连母垫 M20	套	8.1600	8.1600	12.2400	
	03014286 镀锌六角螺栓连母垫 M22	套				20.4000
	03110212 尼龙砂轮片 ϕ100	片	0.2640	0.3456	0.4890	1.1430
	03110262 钢丝砂轮片 ϕ150	片	6.0000	7.2000	9.0000	7.2000
	03130123 电焊条 J507	kg	2.6346	5.6478	8.4852	16.7610
	03130927 碳钢氩弧焊丝（H08MnR）ϕ3	kg	0.5400	0.6360	0.6768	1.1880
	14070101 机油	kg	0.1956	0.1956	0.3906	0.6024
	14070401 液压油	kg	0.4000	0.5000	1.6000	0.4000
	14310731 硫代硫酸钠	g	521.6400	496.8000	745.2000	993.6000
	14351801 耦合剂	kg	1.2210	1.2210	2.1312	3.1950
	14390101 氧气	m³	3.4278	4.6488	6.5562	19.5960
	14390302 乙炔气	kg	5.0040	6.4020	9.0120	6.5400
	14390701 氩气	m³	1.5120	1.7808	1.8951	3.3264
	14414001 热熔胶	kg	3.0000	3.0000	3.0000	3.0000
	16110211 X光透视用铅板 80×150	块	1.3680			
	16110212 X光透视用铅板 80×300	块		0.9120	1.3680	1.8240
	16110311 X光软胶片 80×150	张	43.2000			
	16110312 X光软胶片 80×300	张		28.8000	43.2000	57.6000
	16110710 增感纸 80×150	张	1.8000			
	16110711 增感纸 80×300	张		1.2000	1.8000	2.4000
	17010867 燃气直缝焊接钢管 ϕ159×6	m	1.0200			
	17010869 燃气直缝焊接钢管 ϕ219×8	m		1.0200		
	17010871 钢管 D325×8	m			1.0200	
	17010877 钢管 D529×10	m				1.0200

(续表)

定额编号			G-5-3-9	G-5-3-10	G-5-3-11	G-5-3-12
项 目			封堵开孔连接			
			公称直径 150 mm 以内	公称直径 200 mm 以内	公称直径 300 mm 以内	公称直径 500 mm 以内
	名 称	单位	处	处	处	处
材料	18039653 封堵特制钢四通 DN150	只	1.0000			
	18039655 封堵特制钢四通 DN200	只		1.0000		
	18039657 封堵特制钢四通 DN300	只			1.0000	
	18039659 封堵特制钢四通 DN500	只				1.0000
	18293033 热收缩套 DN150	个	6.3000			
	18293035 热收缩套 DN200	个		6.3000		
	18293037 热收缩套 DN300	个			6.3000	
	18293039 热收缩套 DN500	个				6.3000
	20210913 法兰钢盖板 DN150	片	1.0000			
	20210915 法兰钢盖板 DN200	片		1.0000		
	20210919 法兰钢盖板 DN300	片			1.0000	
	20210927 法兰钢盖板 DN500	片				1.0000
	20330321 聚四氟乙烯垫片 DN150	片	1.0300			
	20330323 聚四氟乙烯垫片 DN200	片		1.0300		
	20330327 聚四氟乙烯垫片 DN300	片			1.0300	
	20330331 聚四氟乙烯垫片 DN500	片				1.0300
	27170510 自粘性橡胶绝缘胶带	m	24.8400	14.6400	21.9600	29.2800
	28431001 探头线	根	0.0048	0.0048	0.0072	0.0078
机械	98430432 红外线测温仪（SMART）	台班	0.1800	0.1800	0.1800	0.1800
	99030822 带压开孔机 DN150	台班	0.4608			
	99030830 带压开孔机 DN200	台班		0.6808		
	99030840 带压开孔机 DN300	台班			0.7936	
	99030842 带压开孔机 DN500	台班				1.1568
	99070550 载重汽车 8 t	台班	0.4608	0.6808	0.7936	1.1568
	99090350 汽车式起重机 5 t	台班	0.4608	0.6808	0.7936	1.1568
	99110022 工程修理车 4 t	台班	1.9636	2.8008	3.6722	5.2160
	99250010 交流弧焊机 21 kV·A	台班	1.0050	2.1378	3.1818	6.2742
	99250440 氩弧焊机 500 A	台班	0.2220	0.2832	0.3948	0.6084

(续表)

	定额编号		G-5-3-9	G-5-3-10	G-5-3-11	G-5-3-12
	项目		封堵开孔连接			
			公称直径 150 mm 以内	公称直径 200 mm 以内	公称直径 300 mm 以内	公称直径 500 mm 以内
	名称	单位	处	处	处	处
机械	99270060 电焊条烘干箱 600×500×750	台班	0.0450	0.0960	0.1440	0.2880
	99290010 X光胶片脱水烘干机 ZTH-340	台班	0.2520	0.2112	0.3168	0.4224
	99290020 超声波探伤机 CTS-22	台班	0.3168	0.3168	0.4884	0.6312
	99290050 X光探伤机 2005	台班	3.6432	3.0360	4.5540	6.0720
	99430290 内燃空气压缩机 6 m³/min	台班	0.0022	0.0022	0.0240	0.0028
	99430440 液压站	台班	0.5760	0.8510	0.9920	1.4460
	99440010 电动单级离心清水泵 φ50	台班	0.2100	0.2580	0.3120	0.3600
	99450020 断管连箱 DN150	台班	0.5760			
	99450030 断管连箱 DN200	台班		0.8510		
	99450040 断管连箱 DN300	台班			0.9920	
	99450050 断管连箱 DN500	台班				1.4460
	99450140 封堵(膨胀)筒 DN150	台班	0.5760			
	99450150 封堵(膨胀)筒 DN200	台班		0.8510		
	99450160 封堵(膨胀)筒 DN300	台班			0.9920	
	99450170 封堵(膨胀)筒 DN500	台班				1.4460
	99450200 封堵连箱 DN150	台班	0.5760			
	99450210 封堵连箱 DN200	台班		0.8510		
	99450220 封堵连箱 DN300	台班			0.9920	
	99450230 封堵连箱 DN500	台班				1.4460
	99450260 封堵器 DN150	台班	0.7776			
	99450270 封堵器 DN200	台班		1.1489		
	99450280 封堵器 DN300	台班			1.3390	
	99450290 封堵器 DN500	台班				1.9521
	99450320 下堵器 DN150	台班	0.5760			
	99450330 下堵器 DN200	台班		0.8510		
	99450340 下堵器 DN300	台班			0.9920	
	99450350 下堵器 DN500	台班				1.4460
	99450420 夹板阀 DN150	台班	0.5760			
	99450430 夹板阀 DN200	台班		0.8510		
	99450440 夹板阀 DN300	台班			0.9920	
	99450450 夹板阀 DN500	台班				1.4460

(续表)

第六章 措施工程

第六章 施工测量

说　　明

1. 本章定额包括打钢板桩、围堰工程和施工便道，共3节9个子目。
2. 本章定额适用于燃气管道工程各类措施项目，与本定额各章配套使用。
3. 本章定额的施工机械是按合理的机械进行配备，在执行中，不得因机械型号不同而调整。

第一节 打钢板桩

说 明

1. 本节定额包括打拔槽型钢板桩(桩长 4 m,每米 3 块)、打拔槽型钢板桩(桩长 6 m,密板桩)、打拔拉森钢板桩(桩长 8.00～12.00 m)、打拔拉森钢板桩(桩长 12.01～16.00 m)、槽型钢板桩使用费和拉森钢板桩使用费。
2. 本节定额适用于燃气管道工程中的打拔槽型工具桩、拉森桩、临时桩及沟槽、工作坑等各种井体的支撑(顶管工程打拔工具桩除外)。
3. 打拔钢板桩定额内容包括打、拔钢板桩,安、拆钢板桩支撑。
4. 打拔桩工程中土质已综合取定。打拔桩均以直桩为准,根据桩长和每米桩量确定定额子目。
5. 组装、拆卸柴油打桩机和大型机械进出场可套用第三章第一节的相关定额子目。

工程量计算规则

1. 打拔槽型钢板桩按沟槽延长米计算,计量单位为"m"。打拔槽型钢板桩定额以桩长及每米沟槽的钢板桩块数予以划分。
2. 钢板桩使用费以"t·d"为计量单位。
3. 槽型钢板桩使用量的计算:每施工段按 2 000 m 划分,其中当管道敷设长度小于或等于 400 m 时按设计长度计算;当管道敷设长度大于 400 m 时,按 400 m 计算。
4. 除设计另有规定外,槽型钢板桩使用天数可按表 6-1 中规定的施工工期计算。同底双管同沟槽排管时,钢板桩使用天数应先计算相对管径,可按拆除工程计算规则中计算出的沟槽宽度所对应的管径选取。介于两种口径之间的,取小值。不同口径连续排管时,应按累计延长米计算钢板桩使用天数。

表 6-1 钢板桩使用天数表

管径 \ 长度 天数	≤50 m	200 m	400 m	600 m	>600 m 时每增加 200 m
300	9	28	44	56	11
500	10	31	49	63	13
700	12	35	55	71	14
800	13	38	60	78	16
1 000	15	42	66	86	18
1 200	16	46	72	94	20

5. 双管或多管同沟槽在套用安装、拆除钢板桩支撑时,不得以 2 根或多根沟槽计算,钢板桩支撑的

深度不变,以沟槽宽度来确定调整系数。钢板桩支撑宽度取定值见表 6-2。

表 6-2 钢板桩支撑宽度

沟槽深度	2 m	3 m	4 m
沟槽宽度	1.6 m	2.8 m	3.8 m

工作内容: 1,2. 打、拔槽型钢板桩,安装、拆除钢板桩支撑。
3,4. 打、拔拉森钢板桩,安装、拆除钢板桩支撑。

定额编号			G-6-1-1	G-6-1-2	G-6-1-3	G-6-1-4
项 目			打、拔槽型钢板桩(桩长4 m,每米3块)	打、拔槽型钢板桩(桩长6 m,密板桩)	打拔拉森钢板桩(桩长8.00~12.00 m)	打拔拉森钢板桩(桩长12.01~16.00 m)
			m	m	m	m
预算定额编号	预算定额名称	预算定额单位	数 量			
06-6-1-1	安装、拆除钢板桩支撑 深2 m以内	m	1.0000			
06-6-1-12	拔钢板桩 桩长4 m每米3块	m/单面	2.0000			
06-6-1-15	拔钢板桩 桩长6 m密板桩	m/单面		2.0000		
06-6-1-24	打沟槽拉森钢板桩(单面)桩长8.00~12.00 m	100 m			0.0100	
06-6-1-25	打沟槽拉森钢板桩(单面)桩长12.01~16.00 m	100 m				0.0100
06-6-1-26	拔沟槽拉森钢板桩(单面)桩长8.00~12.00 m	100 m			0.0100	
06-6-1-27	拔沟槽拉森钢板桩(单面)桩长12.01~16.00 m	100 m				0.0100
06-6-1-3	安装、拆除钢板桩支撑 深4 m以内	m		1.0000	1.0000	1.0000
06-6-1-6	打钢板桩 桩长4 m每米3块	m/单面	2.0000			
06-6-1-9	打钢板桩 桩长6 m密板桩	m/单面		2.0000		

工作内容: 1,2. 打、拔槽型钢板桩,安装、拆除钢板桩支撑。
3,4. 打、拔拉森钢板桩,安装、拆除钢板桩支撑。

定额编号				G-6-1-1	G-6-1-2	G-6-1-3	G-6-1-4
项 目				打拔槽型钢板桩(桩长4 m,每米3块)	打拔槽型钢板桩(桩长6 m,密板桩)	打拔拉森钢板桩(桩长8.00~12.00 m)	打拔拉森钢板桩(桩长12.01~16.00 m)
	名 称		单位	m	m	m	m
人工	00150101	综合人工	工日	5.3226	8.9434	5.7945	6.6404
材料	01190239	热轧槽钢 20#	kg	9.2777	23.0461	0.0011	0.0011
	03152501	镀锌铁丝	kg	0.0410	0.0920	0.0920	0.0920
	04030115	黄砂 中粗	t	0.1812	0.4502	0.2577	0.3279
	05030107	中方材 55~100 cm²	m³	0.0015	0.0043	0.0013	0.0013
	35010703	木模板成材	m³			0.0023	0.0029
	35090141	拉森钢板桩摊销	t			0.0286	0.0364
	35091771	铁撑柱	kg	0.0002	0.0007	0.0007	0.0007
	35091901	钢桩帽摊销	kg	0.4000	0.9000	3.4300	4.3680
机械	99030080	轨道式柴油打桩机 0.6 t	台班	0.2074	0.3298		
	99030110	轨道式柴油打桩机 1.8 t	台班			0.2822	0.3246
	99030690	简易拔桩架	台班	0.2268	0.3780		
	99030970	震动锤 45 kW	台班			0.1922	0.2309
	99090070	履带式起重机 5 t	台班	0.0238	0.0499	0.0499	0.0499
	99090090	履带式起重机 15 t	台班			0.1922	0.2309
	99092030	索具 3号	台班	0.0104	0.1846		
	99092050	索具 5号	台班	0.1970	0.1452		

工作内容: 1. 槽型钢板桩使用费。
2. 拉森钢板桩使用费。

定 额 编 号			G-6-1-5	G-6-1-6
项 目			槽型钢板桩使用费	拉森钢板桩使用费
			t·d	t·d
预算定额编号	预算定额名称	预算定额单位	数 量	
06-6-1-17	槽型钢板桩使用费	t·d	5.5670	
06-6-1-28	拉森钢板桩使用费	t·d		5.5670

工作内容: 1. 槽型钢板桩使用费。
2. 拉森钢板桩使用费。

定 额 编 号				G-6-1-5	G-6-1-6
项 目				槽型钢板桩使用费	拉森钢板桩使用费
	名 称		单位	t·d	t·d
材料	35090131	槽型钢板桩使用费	t·d	5.5670	
	35090151	拉森钢板桩使用费	t·d		5.5670

第二节 围堰工程

说 明

1. 本节定额包括筑拆草包围堰、筑拆钢板桩围堰。
2. 本节定额适用于适用于截流埋管和桥管承台建筑工程。
3. 本节定额中列出每延米所需土方体积,已考虑土方密实、流失量及损耗量。
4. 围堰适用高度见表6-3。

表6-3 围堰适用高度

围堰高	选择型式	围堰断面尺寸
1.00～3.00 m	草包围堰	顶宽1.5 m,外坡:内侧1:1,外侧临水面1:1.5
3.00～6.00 m	钢板桩围堰	坝身宽3.00 m

5. 围堰高=(当地施工期的最高水位-设计图的实测围堰中心河底标高)+0.50 m。围堰中心河底标高是指结构物基础底的外边线增加0.5 m后,以1:1坡线与原河床线的交点向外平移0.3 m为围堰脚内侧(或围堰坡脚),再增加底宽一半处的原河床底标高即为围堰中心河底标高。

工程量计算规则

1. 围堰筑拆以"延长米"为计量单位。
2. 围堰长度计算

$$L = A + 2 \times (B + C + D)$$

式中:L——围堰长度(m);
$\quad\quad A$——结构物基础长度(m);
$\quad\quad B$——结构物基础端边至围堰体内侧的距离(m);
$\quad\quad C$——围堰体内侧至围堰中心的距离(即1/2围堰底宽)(m);
$\quad\quad D$——平行结构物基础的围堰体一端与岸边的衔接距离(m)。

3. 筑、拆围堰定额中只列出土方的需要数量,围堰所需土方应尽可能就地利用,不可利用的土方应作余土外运处理。缺少部分可采用外来土方。缺土来源费用可按实计算。

工作内容: 1. 筑拆草包围堰,养护草包围堰。
2. 筑拆钢板桩围堰,使用钢板桩围堰,养护钢板桩围堰。

定额编号			G-6-2-1	G-6-2-2
项 目			筑拆草包围堰	筑拆钢板桩围堰
			延长米	延长米
预算定额编号	预算定额名称	预算定额单位	数 量	
06-6-4-16	钢板桩围堰 高5 m以内 筑拆	延长米		1.0000
06-6-4-17	钢板桩围堰 高6 m以内 使用	延长米·天		1.0000
06-6-4-18	钢板桩围堰 高6 m以内 养护	延长米·次		1.0000
06-6-4-5	筑拆草包围堰 围高3 m 筑拆	延长米	1.0000	
06-6-4-6	筑拆草包围堰 围高3 m 养护	延长米·次	1.0000	

工作内容: 1. 筑拆草包围堰,养护草包围堰。
2. 筑拆钢板桩围堰,使用钢板桩围堰,养护钢板桩围堰。

	定额编号			G-6-2-1	G-6-2-2
	项 目			筑拆草包围堰	筑拆钢板桩围堰
	名 称		单位	延长米	延长米
人工	00150101	综合人工	工日	31.5992	27.8927
材料	02291501	白棕绳	kg		2.8119
	02310601	编织袋	个	70.3572	17.4024
	03152501	镀锌铁丝	kg	1.0591	0.5982
	03154813	铁件	kg		20.1293
	04093301	土方松方	m³	21.8378	32.5245
	05030103	圆木	m³		0.0504
	05031801	枕木	m³		0.0084
	35090121	槽型钢板桩摊销	t		0.0498
	35090131	槽型钢板桩使用费	t·d		194.9122
	35091901	钢桩帽摊销	kg		2.1840
机械	99030100	轨道式柴油打桩机 1.2 t	台班		0.2500
	99030970	震动锤 45 kW	台班		0.1100
	99090090	履带式起重机 15 t	台班		0.1100
	99090360	汽车式起重机 8 t	台班		0.0071
	99410530	铁驳船 80 t	t·d		23.4000
	99440010	电动单级离心清水泵 φ50	台班	0.4000	0.1000

第三节 施工便道

说 明

1. 凡新建道路的内侧边或燃气管道的中心线距原有道路边 30 m 以上时，可按规定计算修筑施工临时便道。若原有道路不能满足运输工程材料需要需加固拓宽时，另行计算。
2. 本节定额中综合考虑了道碴施工便道和混凝土施工便道。道碴施工便道按 20 cm 道碴铺筑取定，混凝土施工便道按 20 cm 混凝土浇筑取定，设计结构不同时不予调整。

工程量计算规则

1. 施工便道按长度乘以宽度以"m^2"为计量单位。
2. 施工便道的长度按开挖沟槽总长度的 60% 计算，宽度按 4 m 计算。

工作内容：平整场地,摊铺碎石,浇铺混凝土,养护,清理场地。

定 额 编 号			G-6-3-1
项 目			施工便道
			m²
预算定额编号	预算定额名称	预算定额单位	数 量
06-6-5-7	施工便道 道碴	m²	0.5000
06-6-5-8	施工便道 混凝土	m²	0.5000

工作内容：平整场地,摊铺碎石,浇铺混凝土,养护,清理场地。

定 额 编 号				G-6-3-1
项 目				施工便道
名 称			单位	m²
人工	00150101	综合人工	工日	0.2810
材料	03210901	切缝机刀片	片	0.0001
	04050209	碎石 5～15	t	0.0155
	04050313	道碴 50～70	t	0.1326
	05150101	木丝板	m²	0.0126
	13310401	石油沥青	kg	0.1217
	34110101	水	m³	0.0201
	36030252	涤纶针刺土工布 200 g/m²	m²	0.1750
	80210514	预拌混凝土(非泵送型) C20 粒径 5～20	m³	0.1015
机械	99050870	混凝土切缝机	台班	0.0007
	99050930	混凝土振捣器 插入式	台班	0.0066
	99050940	混凝土振捣器 平板式	台班	0.0034
	99050980	混凝土振动梁	台班	0.0031
	99130110	内燃光轮压路机轻型	台班	0.0015
	99190010	混凝土磨光机	台班	0.0031

上海市燃气管道工程概算定额

SH A6—21—2020

宣贯材料

上海市建筑建材业市场管理总站　主编

同济大学出版社
2021　上海

前 言

为进一步完善本市建设工程计价依据，满足工程建设全生命周期的计价需求，根据上海市住房和城乡建设管理委员会《关于批准发布〈上海市建筑和装饰工程概算定额(SH 01—21—2020)〉〈上海市市政工程概算定额(SH A1—21—2020)〉等4本工程概算定额的通知》(沪建标定〔2020〕795号)要求，《上海市燃气管道工程概算定额(SH A6—21—2020)》(以下简称"2020概算定额")自2021年5月1日起实施。

《上海市燃气管道工程概算定额(2010)》(以下简称"2010概算定额")是统一本市燃气管道工程概算工程量计算规则、项目划分与计量单位的依据，是工程项目建设投资评审、编制设计概算(书)和多种设计方案进行技术经济分析的主要依据，是编制概算指标、估算指标的基础，对于控制工程造价、提高投资效益发挥了重要的作用。2017年，上海市建筑建材业市场管理总站开始组织修编"2010概算定额"。修编中，分析了"2010概算定额"存在的问题，总结使用过程中的经验，广泛征求各方意见，按照定额修编的程序和要求完成了"2020概算定额"。

为配合"2020概算定额"的宣贯实施，上海市建筑建材业市场管理总站组织有关修编专家编写了《上海市燃气管道工程概算定额SH A6—21—2020宣贯材料》，作为本市各有关部门开展概算定额宣贯培训的辅导材料。该材料系统介绍了"2020概算定额"总体编制概况、各章特点、修编情况及定额使用中应注意的问题等，有助于造价人员准确把握"2020概算定额"的内容，尽快熟悉、掌握和使用。

上海市建筑建材业市场管理总站
2021年4月

目 录

第一部分 定额编制概况

一、编制概述及过程 …………………… 3
二、编制指导思想 …………………… 4
三、编制原则及主要依据 …………………… 4
四、定额的主要内容 …………………… 5
五、定额消耗量的确定 …………………… 5
六、定额的组成内容和表现形式 …………… 6
七、定额内容的主要变化 …………………… 7
八、定额水平情况 …………………… 9
九、需要说明的问题 …………………… 9

第二部分 各章节编制概况

第一章 土方及拆除工程 …………… 13
一、概　况 …………………… 13
二、本章特点 …………………… 13
三、定额修编情况 …………………… 13
四、定额使用中应注意的问题 …………… 14

第二章 管道及附件安装工程 …………… 15
一、概　况 …………………… 15
二、本章特点 …………………… 15

三、定额修编情况 …………………… 15
四、定额使用中应注意的问题 …………… 17

第三章 管道穿跨越工程 …………… 18
一、概　况 …………………… 18
二、本章特点 …………………… 18
三、定额修编情况 …………………… 18
四、定额使用中应注意的问题 …………… 19

第四章 燃气设备及报警系统安装工程 …… 21
一、概　况 …………………… 21
二、本章特点 …………………… 21
三、定额修编情况 …………………… 21
四、定额使用中应注意的问题 …………… 22

第五章 新旧管道连接工程 …………… 23
一、概　况 …………………… 23
二、本章特点 …………………… 23
三、定额修编情况 …………………… 23
四、定额使用中应注意的问题 …………… 23

第六章 措施工程 …………………… 25
一、概　况 …………………… 25
二、本章特点 …………………… 25
三、定额修编情况 …………………… 25
四、定额使用中应注意的问题 …………… 25

第一部分　定额编制概况

第一部分 定额编制情况

一、编制概述及过程

《上海市燃气管道工程概算定额(SH A6—21—2020)》(以下简称"本定额")是根据上海市住房和城乡建设管理委员会《关于印发〈2017年度上海市建设工程及城市基础设施养护维修定额编制计划〉的通知》(沪建标定〔2016〕967号)以及上海市建筑建材业市场管理总站《关于印发〈上海市建设工程概算定额编制总纲〉的通知》(沪建市管〔2017〕67号)的指示精神和修编原则与要求等,在《上海市公用管线工程概算定额(2010)》(以下简称"2010概算定额")的基础上进行修编,以保持与已颁布实施的《上海市燃气管道工程预算定额(SH A6—31—2016)》(以下简称"2016预算定额")相衔接、相匹配。

本定额修编工作自2018年5月开始启动至2020年7月形成报批稿,整个修编工作共分七个阶段。

(一)前期准备

根据《上海市建设工程概算定额编制总纲》的原则和要求,分析本定额编制的特点与方法,成立编制组,确定组织框架及分工,制订工作计划,建立微信工作群,便于工作交流。聘请燃气行业和造价咨询行业资深人士,成立专家组,负责解决各专业之间的技术难点问题,指导定额修编工作,并协调落实人员经费、工作进度以及与主管部门统一部署方案等事务。

(二)技术资料收集、工作调研及完成修编大纲阶段

编制组对目前本市实施的燃气管道工程定额与实际情况进行对比研究,收集补充"2010概算定额"编制资料和新的技术标准资料,在熟悉"2010概算定额"资料基础上,对现行定额子目的设置和适用性提出修改意见。开展相关省市、企业的定额制定、修编、实施、管理情况调研及数据采集工作,学习先进省市经验,了解市场情况,摸清市场需求。

根据所收集的资料和调研的情况,拟定了本定额修编大纲的具体内容,包括指导思想、编制原则、编制依据、定额作用、使用范围、组成内容、工程量计算规则和定额消耗量的确定,以及章、节、子目的项目划分和进度计划、组织形式等。于2018年8月7日组织了对修编大纲的评审,根据评审意见,完成对修编大纲的修改。

(三)定额子目设置阶段

编制组依据经评审的修编大纲的要求,分析"2010概算定额"的子目设置和定额内容,结合"2010概算定额"的实际使用和执行情况,力求与初步设计深度相适应,开始着手进行定额子目的拟定。同时,为了能更清晰地了解和反映定额子目的变化情况,编制组也进行了本定额与"2016预算定额"的对比分析,判断和确定子目设置的合理性、有效性及完整性。定额子目于2018年8月完成,并通过了专家的评审。

随后,编制组对专家评审意见和建议作了更深入的理解,对子目设置进一步优化、梳理了章节与子目顺序,调整并确定了定额子目的设置内容,为指导下一阶段的具体编制工作奠定了一定的基础。

(四)定额修编初稿阶段

根据审定后的修编大纲和子目设置以及实际应用情况,编制组制定定额编制的统一性规定,包括对文字说明及工程量计算规则的确定、工作内容的描述、工料机消耗量的合理性等方面工作。

编制组于2019年5月完成了定额的初步编制和编制软件的数据录入工作。2019年5月17日,组织专家对编制完成的定额初稿进行评审,特别就定额子目的组成内容、文字表述以及人工、材料、机械消耗量等予以全面审核。

（五）编制征求意见稿及水平测算阶段

根据专家对初稿提出的意见进行了修改和完善，编制组完成了征求意见稿，并在网站上公示，以听取建设单位、设计单位、施工单位等相关单位专业人士对定额征求意见稿的意见和建议。公示后，未收到修改意见。

同时，通过与软件公司合作，利用计算机技术对定额子目的消耗量进行配价工作，并与"2016 预算定额"进行横向比较。选取数个典型工程案例进行分析，于 2019 年 9 月完成定额子目水平测算及造价测算工作。

（六）编制送审稿阶段

2019 年 10 月，编制组在征求意见稿及水平测算的基础上，进一步完善修编工作，形成《上海市燃气管道工程概算定额（送审稿）》，于 2019 年 10 月 24 日经送审稿评审会议评审通过。

（七）报批阶段

专家评审会议后，编制组根据专家评审会议纪要及专家评审意见内容，组织编制人员进行集中修改，于 2020 年 5 月形成《上海市燃气管道工程概算定额（报批稿）》。2020 年 6 月 15 日，上海市住房和城乡建设委员会标准定额处牵头组织召开了《上海市燃气管道工程概算定额（报批稿）》专家评审会议。2020 年 12 月 31 日，上海市住房和城乡建设管理委员会批准了本定额，并以沪建标定〔2020〕795 号文予以发布，自 2021 年 5 月 1 日起正式实施。

二、编制指导思想

1. 本定额是在"2010 概算定额"及"2016 预算定额"的基础上，按照上海市燃气工程设计规范、施工验收技术规范要求，结合燃气管道工程项目组成特征，满足燃气管道工程初步设计阶段或扩大初步设计阶段工程概算编制要求，体现上海市燃气管道工程造价的合理水平，以有效控制工程造价。

2. 本定额作为编制燃气管道工程概算书的依据，是进行项目建设投资评审、设计方案比选的依据，也是编制概算指标、估算指标的基础。因此，必须充分体现政府宏观调控、监管规范工程造价计价行为的宗旨，合理确定概算定额消耗量水平。

三、编制原则及主要依据

（一）编制原则

1. 本次修编既要符合国家、行业及本市法律、法规、行政规范文件和现行各类燃气管道工程建设标准及技术规范的要求，又要与燃气管道工程建设市场计价模式相适应，满足燃气管道工程建设计价需求。

2. 与"2016 预算定额"相衔接，对主要分部分项工程相关子目进行适当综合，体现上海地区社会平均水平、施工实际水平等情况。

3. 本定额子目应与初步设计深度相适应，遵循统一性、科学性、适应性、适时性和简明性的原则。项目划分要合理，定额内容要齐全，工作内容要完整，计量单位要规范，计算规则要统一，定额说明要简明扼要。

(二) 编制主要依据

1. 管理文件

(1)《上海市建设工程定额体系表 2015》(沪建标定〔2016〕211 号)。

(2)《关于印发〈2017 年度上海市建设工程及城市基础设施养护维修定额编制计划〉的通知》(沪建标定〔2016〕967 号)。

(3)《关于印发〈上海市建设工程概算定额编制总纲〉的通知》(沪建市管〔2017〕67 号)。

2. 技术规范

(1)《城镇燃气设计规范》(GB 50028—2006)。

(2)《市政公用工程设计文件编制深度规定(2013 年版)》。

(3)《石油天然气工程初步设计内容规范》(SY/T 0082)。

(4) 国家及本市现行燃气专业的规范、规定、标准。

(5) 国家及本市现行强制标准(图集)、推荐性标准(图集)、通用图集。

3. 计价规范

(1)《建设工程工程量清单计价规范》(GB 50500—2013)。

(2)《上海市公用管线工程概算定额(2010)》。

(3)《上海市燃气管道工程预算定额(2016)》。

(4)《上海市市政工程预算定额(2016)》。

(5)《上海市安装工程预算定额(2016)》。

(6)《上海市城镇给排水工程预算定额(2016)》。

(7) 现行建设工程典型案例及现场实地调查、测算资料。

四、定额的主要内容

本定额共分 6 章 22 节 203 个子目。

第一章土方及拆除工程:包括道路拆除工程、土方工程和工作井,共 3 节 18 个子目。

第二章管道及附件安装工程:包括地上管道安装工程、地下管道安装工程、管件安装工程、地上阀门安装工程、地下阀门及附属设施安装工程和牺牲阳极工程,共 6 节 72 个子目。

第三章管道穿跨越工程:包括桥管安装工程、水平定向钻穿越工程、顶管工程和旧管道内穿管工程,共 4 节 44 个子目。

第四章燃气设备及报警系统安装工程:包括调压设备安装工程、计量设备安装工程和燃气报警系统安装工程,共 3 节 23 个子目。

第五章新旧管道连接工程:包括连接辅助工程、停输连接工程和不停输连接工程,共 3 节 37 个子目。

第六章措施工程:包括打钢板桩、围堰工程和施工便道,共 3 节 9 个子目。

具体定额章节内容,详见第二部分各章节编制说明。

五、定额消耗量的确定

概算定额的定额子目主要是根据确定的工作内容,套用预算定额进行组合而成(包括工作内容的组合)。因此,概算定额消耗量原则上是由数项预算定额的人工、材料、机械消耗量组合归类而成。概算定额的编制主要采用以下几种方法:

1. 直接引用预算定额。

2. 在预算定额的基础上再合并其他次要项目。
3. 改变计量单位。
4. 采用标准设计图纸的项目，根据预先编好的标准预算计算。
5. 工程量计算规则进一步优化。

六、定额的组成内容和表现形式

1. 总说明
(1) 本定额的编制依据、指导思想、定额作用、适用范围。
(2) 使用本定额必须遵循的规则及条件。
(3) 本定额所采用的材料规格、材料标准、选用依据。
(4) 本定额在编制过程中已经包括及未包括的内容、允许换算的原则。
(5) 各分部工程共性问题的有关统一规定。
(6) 本定额的使用方法及其他。
2. 章、节说明
(1) 使用本定额必须遵循的规则及条件。
(2) 本定额在编制过程中已经包括及未包括的内容、允许换算的原则及计算规则。
(3) 本节定额所包括的定额项目内容说明。
(4) 本节定额允许增减系数范围的界定及其规定。
3. 工程量计算规则
本定额的工程量计算规则主要是依据"2010 概算定额""2016 预算定额"，并结合概算定额的编制方法确定，总体满足初步设计深度要求，同时根据燃气管道工程的特点，采用系统特征的参数单位计量，界限清晰，极大地方便使用。
4. 表头说明
(1) 分项工程工作内容。
(2) 分项工程包括的主要工序及操作方法。
5. 章、节、子目的划分
(1) 章——按工程类别。
(2) 节——按分部分项工程划分。
(3) 子目——按工程结构、材料品质、机械类型、使用要求不同划分。
6. 定额编号表现形式
定额编号应由两部分组成：专业编码＋章节目编码。
(1) 第一位表示专业编码，燃气用 G 表示。
(2) 第二位表示专业章数，章数用数字表示。
(3) 第三位数字表示本节的序列号码。
(4) 第四位数字表示子目在本节的序列号码。
具体表现形式如下：

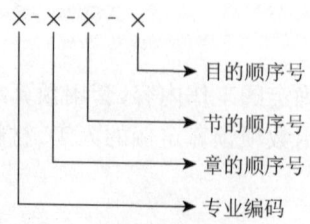

7. 定额表现形式(采用 A4 竖版)
(1) 表一:定额项目含量取定表

章节号　章节名称

工作内容:

定额编号			××××	××××	××××	××××
项　　目			××××	××××	××××	××××
			m	kg	m	kg
预算定额编号	预算定额名称	预算定额单位				
××××	××××	m				
××××	××××	kg				
……	……					
××××	××××	m²				

(2) 表二:人材机消耗量表

章节号　章节名称

工作内容:

定额编号			××××	××××	××××	××××
项　　目			××××	××××	××××	××××
名　称		单位	m	kg	m	kg
人工	(编码)	专业综合人工	工日			
材　料		材料1				
		材料2				
		其他材料费	%			
机械		机械1	台班			
		机械2	台班			
		仪器仪表1	台班			
		仪器仪表2	台班			
		其他机械费	%			

8. 概算费用计算说明
(1) 概算建安费用构成及内容:应包括直接费、企业管理费和利润、安全和文明施工费、施工措施费、规费、增值税等。
(2) 概算建安费用计算方法。
(3) 概算建安费用计算顺序表。

七、定额内容的主要变化

(一) 定额内容划分及子目设置

由于概算定额是设计概算编制的主要依据,而设计概算又是按照初步设计或扩大初步设计文件来编制的,所以概算定额的编制主要是根据初步设计阶段或扩大初步设计阶段文件的内容和深度,在内容组成上要与之相贴切。

本定额共分 6 章 22 节 203 个子目。

定额子目设置汇总表

序号	章名称	节名称	节子目数	章子目数
1	第一章 土方及拆除工程	第一节 道路拆除工程	4	18
		第二节 土方开挖工程	9	
		第三节 工作井	5	
2	第二章 管道及附件安装工程	第一节 地上管道安装工程	6	72
		第二节 地下管道安装工程	21	
		第三节 管件安装工程	19	
		第四节 地上阀门安装工程	9	
		第五节 地下阀门及附属设施安装工程	12	
		第六节 牺牲阳极工程	5	
3	第三章 管道穿跨越工程	第一节 桥管安装工程	12	44
		第二节 水平定向钻穿越工程	11	
		第三节 顶管工程	11	
		第四节 旧管道内穿管工程	10	
4	第四章 燃气设备及报警系统安装工程	第一节 调压设备安装工程	6	23
		第二节 计量设备安装工程	6	
		第三节 燃气报警系统安装工程	11	
5	第五章 新旧管连接工程	第一节 连接辅助工程	5	37
		第二节 停输连接工程	20	
		第三节 不停输连接工程	12	
6	第六章 措施工程	第一节 打钢板桩	6	9
		第二节 围堰工程	2	
		第三节 施工便道	1	
共计				203

(二) 主要调整内容

1. 第一章土方及拆除工程:与"2010 概算定额"相比,为新增的章节。主要增加按管道敷设时不同的路面性质,对路面的拆除以及土方的开挖进行不同的分类;补充完善燃气管道工程中常用的工作井类型。

2. 第二章管道及附件安装工程:与"2010 概算定额"相比,将管道安装按照地上、地下以及管道的不同材质区分,增加管件安装工程的子目;补充超高压及高压管线工程安装的相关定额内容。

3. 第三章管道穿跨越工程:完善"2010 概算定额"中桥管安装、水平定向钻穿越、顶管工程定额内容,补充旧管道穿管等新工艺内容。

4. 第四章燃气设备及报警系统安装工程:对现行各类燃气设备的相关定额内容进行梳理完善,包括调压器、燃气表,补充报警系统安装工程的相关定额内容。

5. 第五章新旧管连接工程：完善连接工程定额内容，补充连接辅助工程等相关定额内容。
6. 第六章措施工程：与"2010概算定额"相比，为新增的章节。

八、定额水平情况

（一）测算方法

根据《上海市建设工程概算定额（修编）水平测算方案》，选择了近年来的部分典型工程，均以设计施工图预算为测算对象。从道路、工房、营事团三大项目类型，钢管、铸铁管、聚乙烯管、镀锌钢管四种常用管材以及不同压力级制、管道长度等各种主要工程参数出发，并且包括了直埋工程、定向钻工程、桥管工程、内穿管工程、室内管工程、室外总体工程以及报警工程共7大类专项工程，基本达到本定额子目全面覆盖。同一个工程案例分别按照本定额和"2016预算定额"计算工程量，套用相应定额，并调整至统一工料机价格，计算二者的费用，并进行对比。

（二）定额水平和造价水平测算

同一个工程案例分别按照本定额和"2016预算定额"计算工程量，套用相应定额，统一采用2019年5月基期价格配价，按统一的各专业费率计算二者的建安工程造价，并进行对比。建安工程造价内容包括直接费、企业管理费和利润、安全和文明施工费、施工措施费、规费、增值税等。

定额水平＝（本定额直接费－"2016预算定额"直接费）/"2016预算定额"直接费×100％
造价水平＝（本定额造价－"2016预算定额"造价）/"2016预算定额"造价×100％

（三）定额水平分析

测算结果符合目前市场造价水平。

九、需要说明的问题

1. 对接国家最新计价规范，简明实用。本定额章、节及子目设置参考相关专业工程量计算规范的章节划分、项目划分、项目编码、项目名称、计量单位、工程量计算规则等要素，同时符合上海市燃气管道工程实际计价需求和习惯。
2. 完善城市燃气超高压、高压管道工程内容。"2010概算定额"压力适用范围为2.5 MPa（含）以下，本定额补充了2.5 MPa以上的下向焊管道管件安装工程定额子目，完善了城市燃气输气管道的工艺，填补了城市高压输气管道定额的空白。
3. 新工艺、新技术的应用。本定额的子目设置，梳理了燃气工程近十年的技术发展，特别是人工煤气转换为天然气后新增的新技术、新工艺、新材料、新设备的大量推广应用，符合现行施工技术要求，符合国家推进绿色能源建设的要求。
4. 在定额表现形式上除"工料机消耗量表"外，增设了"定额项目含量取定表"，组成清晰、方便调整。
5. 相近子目步距的设置，造价测算在10％之内合并为一个子目。比如镀锌钢管安装，从口径DN50开始设置，不再设置小于DN50口径的子目。
6. 不常用工艺，不再编制概算定额，使用时套用"2016预算定额"。比如过滤器安装、型钢水泥土搅拌墙等。
7. 工艺类似，仅主材不同，可合并为一条定额，使用时替换主材。比如阀门。

8. 根据初步设计图纸的特点，对某些项目进行较大幅度的综合。如地下阀门井组安装，除了主阀门和放散阀门之外，还综合了相应口径的法兰、零件和补偿器等。

9. 根据施工规范对某些项目进行了综合相应的内容，如燃气报警系统安装工程的探测器安装中，综合了防爆金属软管敷设、防爆接线盒安装和输入模块安装等。

第二部分 各章节编制概况

第一章 土方及拆除工程

一、概况

本章定额包括道路拆除工程、土方开挖工程和工作井,共3节18个子目。

二、本章特点

(一) 本章适用范围

本章定额是其他各章节共性的通用项目,适用于燃气管道工程中的道路拆除、构筑物拆除、土方开挖和工作井工程。

(二) 与其他各章的界限划分

1. 沟槽、基坑的支护措施执行本定额第六章相关子目。
2. 工作井如涉及打桩工程,板桩使用费执行本定额第六章第一节相关子目,打桩机进出场费执行本定额第三章第一节相关子目。

三、定额修编情况

1. 道路拆除工程按不同的路面性质区分,包括建成区车行道、建成区人行道以及非建成区道路。
2. 建成区车行道分别按60%的沥青路面和40%的混凝土路面(包括一般混凝土和钢筋混凝土)综合取定。
3. 建成区人行道分别按80%的人行道板及人行道混凝土和20%的人行道混凝土进出口坡综合取定。
4. 非建成区道路分别按70%的碎石地面和30%的旧基地地面综合取定。
5. 拆除构筑物分别按20%石砌体、20%砖砌体、20%混凝土构筑物和40%钢筋混凝土构筑物综合取定。
6. 土方开挖按不同的路面性质区分,包括建成区挖土方、非建成区挖土方和农田挖土方。
7. 建成区挖土方,综合了70%人工挖土和30%机械挖土,包括湿土排水。
8. 非建成区挖土方,综合了60%人工挖土和40%机械挖土,包括湿土排水。
9. 农田挖土方,综合了20%人工挖土和80%机械挖土,包括湿土排水。
10. 挖淤泥,综合了30%人工挖淤泥和70%机械挖淤泥。
11. 回填土方和回填砂的定额单列。
12. 土方内运定额不单列,新增土方外运、结构碎石外运和泥浆外运定额。
13. 工作井按围护形式不同区分,包括工作井(简易支撑)、工作井(钢板桩)和工作井(拉森桩)。

四、定额使用中应注意的问题

1. 道路拆除工程，设计路面厚度与定额组成不一致，不作调整。
2. 构筑物拆除，设计构筑物的材质与定额组成不一致，不作调整。
3. 实际开挖土方的人工和机械比例与定额组成不一致，不作调整。
4. 第二节土方开挖工程的定额中均已包括 100 m 土方场内运输。
5. 沟槽开挖尺寸及管道外径截面积应按设计文件的数据或图纸尺寸计算；设计文件未明确的，可按本章定额第一节的工程量计算规则中表 1-2 内数据计算。
6. 工作井定额内已包括人工和机械挖土、土方回填、湿土排水和余土外运。
7. 泥浆池未包括围护费用和余土外运。
8. 工作井(钢板桩)和工作井(拉森桩)定额内已包括钢板桩和拉森桩的打拔以及钢板桩支撑的安装和拆除，均未包括板桩使用费和打桩机进出场费。
9. 设计工作井尺寸与定额组成差异过大时，可另行计算。

第二章 管道及附件安装工程

一、概况

本章定额包括地上管道安装工程、地下管道安装工程、管件安装工程、地上阀门安装工程、地下阀门及附属设施安装工程和牺牲阳极工程，共6节72个子目。

二、本章特点

(一) 本章适用范围

本章定额适用于本市行政区域范围内的新建、扩建、改建的燃气管道及附件安装工程。管道更新工程可参照本定额。

(二) 与其他各章的界限划分

1. 管道穿跨越工程执行本定额第三章相关子目，以管道穿跨越工程两端的第一个管件（含）为界。两端第一个管件外的管道安装执行本章定额。
2. 燃气设备安装执行本定额第四章相关子目。
3. 各类管道的新旧管连接工程执行本定额第五章相关子目。
4. 管道安装中的措施项目执行本定额第六章相关子目。

三、定额修编情况

1. 本章定额不包含高压门站内的管道及附属设备安装工程。
2. 本章定额各种燃气管道的输送压力：

超高压　　4.0 MPa$<P\leqslant$6.4 MPa
高压　　A级 2.5 MPa$<P\leqslant$4.0 MPa
高压　　B级 1.6 MPa$<P\leqslant$2.5 MPa
次高压　A级 0.8 MPa$<P\leqslant$1.6 MPa
次高压　B级 0.4 MPa$<P\leqslant$0.8 MPa
中压　　A级 0.2 MPa$<P\leqslant$0.4 MPa
中压　　B级 0.01 MPa$\leqslant P\leqslant$0.2 MPa
低压　　$P<$0.01 MPa

其中，铸铁管道安装定额按中压B级、低压燃气管道综合考虑；聚乙烯管道安装定额按中压、低压燃气管道综合考虑；碳钢管道（氩电联焊）安装定额按高压、次高压、中压、低压综合考虑；碳钢管道（下向焊）安装定额按超高压、高压综合考虑。

3. 本章定额的管道安装均包括管道外防腐、无损探伤、气压试验、气密性试验、管道吹扫、管道清通和置换。

4. 本章定额的管道气体置换包括氮气和天然气置换。

5. 地上管道安装工程按管道的材质区分,包括镀锌钢管安装和钢管安装。

6. 镀锌钢管安装包括管件的安装和管道支架的制作、安装、除锈和刷漆。

7. 地上钢管安装包括管道支架的制作、安装、除锈和刷漆,不含管件安装。

8. 地上钢管安装已包括了法兰和法兰盖的安装。

9. 地下管道安装工程包括铸铁管安装、钢管安装(氩电联焊)、钢管安装(下向焊)、聚乙烯管安装、燃气引入管安装(绝缘镀锌钢管)和燃气引入管安装(聚乙烯管三通连接)。

10. 地下管道安装已包括管道安装排水。

11. 铸铁管和地下钢管安装均已包括敷设警示板,聚乙烯管安装已包括警示带。

12. 铸铁管安装为机械接口管。

13. 地下钢管安装已包括法兰和法兰盖的安装。

14. 地下钢管安装定额中的管道防腐采用三层聚乙烯普通级防腐,管道接口防腐采用热收缩套工艺。

15. 燃气引入管安装已包括挠性补偿器安装。

16. 管件安装工程按管件的材质区分,包括铸铁管件安装、钢制管件安装(氩电联焊)、钢制管件安装(下向焊)和聚乙烯燃气管件安装。

17. 管件安装工程均已综合了不同口数管件的安装,详见下表。

管件材质	管件口径(mm)	管件类型			
		管堵(个)	弯头(个)	三通(个)	钢塑转换(个)
铸铁管件	100	0.27	0.5	0.23	
	150	0.28	0.51	0.21	
	200	0.29	0.52	0.19	
	300	0.31	0.53	0.16	
	500	0.28	0.6	0.12	
钢制管件（氩电联焊）	100		0.92	0.08	
	150		0.89	0.11	
	200		0.88	0.12	
	300		0.87	0.13	
	500		0.86	0.14	
	700		0.86	0.14	
钢制管件（下向焊）	500		0.8	0.2	
	800		0.8	0.2	
聚乙烯管件	110		0.574	0.268	0.158
	160		0.437	0.328	0.109
	200		0.761	0.136	0.103
	250		0.771	0.144	0.085
	315		0.771	0.144	0.085
	400		0.771	0.144	0.085

18. 管件安装工程定额均包含管件外防腐和无损探伤。
19. 地上阀门安装工程按连接方式不同区分,包括螺纹阀门安装、法兰阀门安装和焊接阀门安装。
20. 地上阀门安装口径≥100 mm 时,包括支架制作、安装、除锈和刷漆。
21. 地下阀门安装包括法兰阀门(井)安装、焊接阀门(井)安装、聚乙烯阀门(井)安装。
22. 地下阀门及附属设施安装工程均包含阀门井井体、井盖的制作安装。
23. 法兰阀门(井)安装包括阀门本体安装、法兰安装、相关附件及补偿器安装。
24. 牺牲阳极工程包括牺牲阳极及测试井安装、牺牲阳极及测试桩安装、镯式阳极制作及安装。
25. 牺牲阳极及测试井安装和牺牲阳极及测试桩安装均包括挖土、安装和调试。
26. 镯式阳极制作及安装包括定位、制作及安装。

四、定额使用中应注意的问题

1. 本章定额中管道安装工程量,按设计图示管道中心线以延长米计算,以"m"为计量单位。管件、法兰和阀门等管道附件所占长度已在管道施工损耗中综合考虑,计算工程量时均不扣除其所占长度。
2. 本章定额子目中垫片采用聚四氟乙烯垫片;如与设计不符,除主材外,其余消耗量不作调整。
3. 本章定额中的管道吹扫和管道清通均按 2 遍考虑。
4. 镀锌钢管安装不分室内管和室外管,统一按室内管安装消耗量标准计取。
5. 钢管安装采用氩电联焊和向下焊,向下焊安装主要用于 1.6 MPa 以上的高压管道。
6. 钢管安装(氩电联焊)的接口防腐个数和超声波探伤口数按管道节长 6 m 取定,钢管安装(向下焊)的接口防腐个数和超声波探伤口数按管道节长 12 m 取定;如与设计管道节长不符,不作调整。
7. 警示板和警示带的主材可按设计类型调整。
8. 管道焊缝 X 射线摄影的拍片量按下表计算;如与设计不符,不作调整。

序号	管外径(mm)	底片规格(mm)	张数
1	≤89	150	3
2	108	150	6
3	159	150	6
4	219	300	4
5	325	300	6
6	529	300	8
7	813	300	12

9. 套用管件安装(除下向焊)时,管件类型已综合考虑,不作调增。
10. 套用钢制管件安装(下向焊)时,管件类型可按设计工程量调整,其余消耗量不作调整。
11. 管件安装定额内均未包括管件支墩。
12. 地上阀门安装不包括电动机安装,如发生,可参照相关定额子目。
13. 阀门井均参照"2016 预算定额"内的定型阀门井;如与设计不符,可另行计算。

第三章 管道穿跨越工程

一、概况

本章定额包括桥管安装工程、水平定向钻穿越工程、顶管工程和旧管道内穿管工程，共 4 节 44 个子目。

二、本章特点

（一）本章适用范围

本章定额适用于架空跨越、地下穿越及顶管施工管道。

（二）与其他各章的界限划分

1. 本章定额各种燃气管道的输送压力按照第二章执行。
2. 本章定额中未包括穿越与顶管的工作井工程，应套用第一章相关定额子目使用。

三、定额修编情况

1. 桥管安装工程包括桥管（跨度 15 m）安装工程、桥管承台工程、打钢筋混凝土方桩、打钻孔灌注桩、搭拆打桩机工作平台（陆上）、搭拆打桩机工作平台（水上）、组装、拆卸柴油打桩机及场外运输、钻孔灌注桩钻机安装、拆除及场外运输。
2. 桥管安装工程定额中包括托架、抱箍及防护栅栏、桥管防腐、无损探伤以及管道的清通试压和置换。
3. 桥管防腐包括两遍环氧富锌漆和两遍氯化橡胶漆。
4. 桥管跨度按每座 15 m 取定，适用于单跨或者多跨。
5. 桥管承台工程定额中已包括承台制作的模板、混凝土和钢筋。
6. 打钢筋混凝土方桩按 30%陆上和 70%支架上综合取定。
7. 打桩机工作平台适用于陆上、支架上打桩及钻孔桩，支架平台分水上与陆上两种。
8. 搭、拆打桩机工作平台定额已包括柴油打桩机的锤重。
9. 搭、拆水上工作平台定额已包括组装、拆卸船排及打拔桩架。
10. 组装、拆卸柴油打桩机及场外运输定额已综合了柴油打桩机的锤重。
11. 水平定向钻穿越工程包括定向钻穿越（钢管）、定向钻穿越（聚乙烯管）、拖头安装和拆卸、定向钻钻机安装、拆除及场外运输。
12. 定向钻穿越（钢管）定额中包括管道的组装焊接、防腐、无损探伤以及管道的清通试压和置换。
13. 定向钻穿越（聚乙烯管）定额中包括管道的组装连接、管道的清通试压和置换。

14. 定向钻穿越工程中的钻导向孔、扩孔工作内容均按二类土质考虑。

15. 拖头安装和拆卸分为钢拖管头和 PE 拖管头。

16. 定向钻钻机安装、拆除及场外运输分为 45 t 以内和 100 t 以内。

17. 顶管工程包括顶管封闭式管道顶进、顶管套管内穿芯管（钢管）、封闭式管道顶进设备安拆。

18. 顶管封闭式管道顶进包括封闭式管道顶进、顶进触变泥浆减阻、泥浆置换、顶管压浆孔封拆和管道的组装焊接、防腐、无损探伤以及管道的清通试压。

19. 顶管工程适用于封闭式钢管顶管。

20. 顶管套管内穿芯管（钢管）中包括管道的组装焊接、防腐、无损探伤以及管道的清通试压和置换。

21. 封闭式管道顶进设备安拆包括洞口处理、安拆顶进后座和安拆封闭式顶管设备。

22. 旧管道内穿管工程包括旧管道内穿芯管（聚乙烯管）、旧管道内穿芯管（钢管）、穿管聚乙烯拖头安装、拆除和穿管钢拖头安装、拆除。

23. 旧管道内穿芯管工程内容包括旧管道的清通、吹扫、穿管拖头的安拆、旧管道内穿芯管、管道的组装焊接、防腐、无损探伤以及管道的清通试压和气体置换。

24. 旧管道内穿管工程中的旧管道清通按 CCTV 管内探测器探测工艺考虑。

25. 穿管拖头安装和拆卸已按不同口径综合取定。

四、定额使用中应注意的问题

1. 桥管安装是按照河道通航设计净高 5 m 取定，平管跨越过河。如设计需要加高或采用斜拉、钢桁架等其他加固形式时，其消耗量应另计。

2. 如实际跨度不同时，除管材与管件外，其他消耗量乘以下式系数进行子目换算，管材消耗可按实际长度调整。

$$换算系数 = \frac{实际跨度}{定额跨度}$$

3. 设计桥管管道规格与定额子目规格不符时，按接近规格套用，中间规格按较大规格计算。

4. 打预制钢筋混凝土方桩定额内不包括废料外运。

5. 单位工程中打预制钢筋混凝土方桩工程量小于等于 80 m^3 的为小型工程，按相应定额中的人工及机械台班数量乘以 1.1 系数计算。

6. 打钻孔灌注桩定额内不包括声测管、输送泵费及灌注桩桩底注浆、泥浆外运费。

7. 打钻孔灌注桩定额内不包括动、静测量费。

8. 定向钻穿越工程定额中不包括泥浆外运费用，可套用本定额第一章相关子目。

9. 本章定额穿越长度均按 800 m 以下编制；大于 800 m 的穿越工程，在套用扩孔、管线回拖定额时，应乘以穿越长度系数表相应的长度系数。

穿越距离	短距离 （<300 m）	中距离 （300～800 m）	长距离 （800～1 600 m）	超长距离 （>1 600 m）
扩孔系数	1.00		1.20	1.65
PE 管回拖系数	1.00		1.15	1.62
钢管回拖系数	1.00		1.23	1.67

10. 本章定额未包括高压管线的水平定向穿越时对管道接口的保护的光固化保护套，可套用"2016 预算定额"相应子目。

11. 封闭式钢管顶进定额中未包括泥浆外运费；如需要，可套用本定额第一章相关子目。

12. 封闭式管道顶进长度按相邻两井(坑)壁内侧之间的长度加 0.6 m 计算。

13. 在单位工程中,封闭式顶进在 50 m 内时,顶进定额中的人工及机械数量乘以系数 1.3。

14. 顶管套管内穿芯管(钢管),若遇钢管下向焊连接时,焊条可按下向焊焊条规格调整。

15. 安拆顶管设备定额中,已包括双向顶进时设备调向的拆除和安装以及拆除后设备转移至另一个顶进坑所需的人工和机械台班。

16. 旧管道内穿芯管若采用不同拖管机械时,可按实调整。

第四章 燃气设备及报警系统安装工程

一、概况

本章定额包括调压设备安装工程、计量设备安装工程和燃气报警系统安装工程,共3节23个子目。

二、本章特点

(一) 本章适用范围

本章定额适用于燃气管道工程中的燃气设备及报警系统的安装与拆除工程。

(二) 与其他各章的界限划分

1. 本章定额包括燃气管道工程定额适用范围内的燃气设备,门站(厂所)内的设备安装工程可套用安装工程相关定额子目执行。
2. 本章定额不包括土方工程、管道安装工程相关内容,应执行其他章节相关定额子目。

三、定额修编情况

1. 调压设备安装工程包括挂壁式调压器安装、箱式调压器安装。
2. 调压设备安装工程均按调压器出口口径设置定额子目。定额内容从调压器进口端接点起到出口端接点止,包括各种管件及调压器的安装和校验调试。
3. 箱式调压器安装包括设备基础。
4. 计量设备安装工程按进口端连接管道的材质区分,包括燃气表(螺纹连接)、燃气表(法兰连接)。
5. 燃气表具安装定额包括范围自表前管道(近墙体)水平向的最后一个零件末端起,至表后出口管末端止。
6. 计量设备安装工程中燃气表安装口径≤150 mm时,已考虑支架安装;燃气表安装口径＞150 mm时,已考虑设备基础。
7. 燃气报警系统安装工程包括探测器安装、报警控制器安装、阀门操作盘安装、套管敷设、动力线路管内穿线、信号线路敷设安装、电力电缆敷设(4芯以上)、控制电缆敷设(14芯以下)、整流装置安装。
8. 探测器安装包括了探头和底座的安装调试以及防爆金属软管、输入模块和接线盒安装。
9. 报警控制器安装包括控制器本体安装及燃气报警系统调试。
10. 阀门操作盘安装为挂壁式安装,包括安装、检验调试以及输出模块安装。
11. 套管敷设包括一般铁构件制作、安装和接线盒安装。
12. 电缆敷设包括电缆敷设和电缆头制作安装。
13. 整流装置安装包括整流装置本体安装及报警电源箱安装。

四、定额使用中应注意的问题

1. 箱式调压器包括进出口两端的法兰焊接。
2. 调压设备安装工程均不包括过滤器、耐油分离器、安全放散装置的安装。
3. 进口端为螺纹连接的燃气表具安装定额子目中包含金属软管安装。
4. 计量设备安装工程中不包含表前阀门安装,可按本定额第二章相应子目执行。
5. 计量设备安装工程内容已包括了各种管件及燃气表的安装和校验调试。
6. 探测器安装包括输入模块的安装,如与设计不符,可调整主材,其余消耗量不作调整。
7. 阀门操作盘安装包括输出模块的安装,如与设计不符,可调整主材,其余消耗量不作调整。
8. 阀门操作盘安装包括紧急切断阀检查接线和紧急切断阀调试,未包括紧急切断阀安装,可套用本定额第二章相应子目执行。
9. 防爆钢管敷设内包含明装接线盒数量。
10. 防爆钢管为明敷安装方式,以"100 m"为计量单位,不扣除管路中间的控制箱(柜)、接线箱(盒)所占长度。
11. 动力线路管内穿线按导线截面 4 mm^2 以内考虑,如与设计不符,可调整主材,其余消耗量不作调整。
12. 信号线路敷设安装按铜芯塑料屏蔽软电线 3 芯以内考虑,如与设计不符,可调整主材,其余消耗量不作调整。
13. 电缆敷设均未包括电缆沟及土方开挖,可套用其他相关定额子目。

第五章　新旧管道连接工程

一、概况

本章定额包括连接辅助工程、停输连接工程和不停输连接工程，共3节37个子目。

二、本章特点

（一）本章适用范围

本章定额适用于燃气管道的新旧管道连接工程。

（二）与其他各章的界限划分

1. 本章定额与第二章、第三章的界限划分为：新排管道试验合格后，进入与旧管道连接前。之前，套用第二章、第三章；之后，套用本章。
2. 本章定额在使用中涉及第一章和第六章时，应配套使用。

三、定额修编情况

1. 连接辅助工程包括连接处置、关/开阀门和调压处置。
2. 连接处置是指为停气或不停气连接时所做的处置工作，分 $P<0.1$ MPa、$P\leqslant0.4$ MPa 和 $P\leqslant1.6$ MPa 三档压力级制，已包括前期和后期处置。
3. 关、开阀门已按不同口径综合取定。
4. 调压处置已按不同口径综合取定。
5. 停输连接工程包括镀锌钢管新旧管连接、钢管新旧管连接、铸铁管新旧管连接、聚乙烯管新旧管连接、室外立管连接（挠性补偿器）。
6. 停输连接工程中的新旧管连接工程均按末端连接和嵌三通连接综合取定。
7. 室外立管连接包括钢管连接。
8. 不停输连接工程包括连接器开孔连接（钢管）、连接器开孔连接（铸铁管）、封堵开孔连接。
9. 连接器开孔连接按母管材质和开孔口径设立定额。

四、定额使用中应注意的问题

1. 本章定额中已包括无损检测、摄片和接口防腐工作内容。
2. 本章定额均未包括阀门井等工作内容。

3. 连接处置按阀门之间（包括新排管道）的管道长度均以延长米计算。

4. 连接处置如发生 1.6 MPa 以上的，需按设计要求另行计算。

5. 关、开地下阀门仅适用于需要停气、降压的新旧管道连接工作。

6. 调压处置仅适用于需要停气、降压的新旧管道连接工作时的调压器调控处置，不分管道压力节制。

7. 停输连接工程中除镀锌钢管新旧管连接外，其余新旧管连接均按地下管沟作业考虑，但定额内未包括土方工程和措施工程，可参考本定额第一章和第六章相关子目。

8. 管道连接工作坑的路面拆除和土方工程套用第一章相关定额，其工作坑尺寸按下表计算。

管径（mm 以内）	DN150	DN300	DN500	DN700	DN1000
连接坑长度(m)	3.5	4.4	5.4	6.6	8.2
连接坑宽度(m)	1.6	2.0	2.6	3.0	3.6
增加深度(m)	0.3	0.3	0.4	0.4	0.5

9. 钢管新旧管连接均按地下管沟下作业考虑，如遇架空管作业，则其人工和机械乘 0.8 系数并删除"热收缩套"的主材。

10. 停输连接工程中管道连接全部按同口径考虑，当发生不同口径管道连接时，以口径大的一端套取定额，人工、机械不作调整，其材料按设计作调整。

11. 停输连接工程中发生不同材质管道连接时，套用按母管材质的相应子目，另再加绝缘法兰或钢塑法兰安装子目。

12. 如设计中新旧管连接工程的类型和定额中的新旧管连接工程的类型综合取定不符，定额不作调整。

13. 不停输连接工程中均未包括土方工程和措施工程，可参考本定额第一章和第六章相关子目。

14. 不停输连接工程的定额适用 0.4 MPa 以下管道不停输连接工程。如发生 0.4 MPa 以上管道不停输连接，需按设计要求另行计算。

15. 封堵开孔连接已包括特制管件和连接短管。未考虑连接时安装临时旁通管的内容，如设计需搭设临时旁通管，按管道安装的相关定额执行，材料按临时管计算方式计取。

第六章 措 施 工 程

一、概况

本章定额包括打钢板桩、围堰工程和施工便道,共3节9个子目。

二、本章特点

本章定额适用于燃气管道工程各类措施项目,与本定额各章配套使用。

三、定额修编情况

1. 打钢板桩包括打拔槽型钢板桩(桩长4 m,每米3块)、打拔槽型钢板桩(桩长6 m,密板桩)、打拔拉森钢板桩(桩长8.00~12.00 m)、打拔拉森钢板桩(桩长12.01~16.00 m)、槽型钢板桩使用费和拉森钢板桩使用费。
2. 打钢板桩定额适用于燃气管道工程中的打拔槽型工具桩、拉森桩、临时桩及沟槽、工作坑等各种井体的支撑(顶管工程打拔工具桩除外)。
3. 打拔钢板桩定额内容包括打、拔钢板桩,安、拆钢板桩支撑。
4. 打拔桩工程中土质已综合取定。打拔桩均以直桩为准,根据桩长和每米桩量确定定额子目。
5. 围堰工程包括筑拆草包围堰、筑拆钢板桩围堰。
6. 围堰工程适用于截流埋管和桥管承台建筑工程。
7. 凡新建道路的内侧边或燃气管道的中心线距原有道路边30 m以上时,可按规定计算修筑施工临时便道。若原有道路不能满足运输工程材料需要需加固拓宽时,另行计算。
8. 施工便道定额中综合了道碴施工便道和混凝土施工便道。道碴施工便道按20 cm道碴铺筑取定,混凝土施工便道按20 cm混凝土浇筑取定。

四、定额使用中应注意的问题

1. 本章定额的施工机械是按合理的机械进行配备,在执行中,不得因机械型号不同而调整。
2. 槽型钢板桩使用量的计算:每施工段按2 000 m划分,其中当管道敷设长度小于或等于400 m时按设计长度计算;当管道敷设长度大于400 m时,按400 m计算。
3. 除设计另有规定外,槽型钢板桩使用天数可按钢板桩使用天数表中规定的施工工期计算。同底双管同沟槽排管时,钢板桩使用天数应先计算相对管径,可按拆除工程计算规则中计算出的沟槽宽度所对应的管径选取。介于两种口径之间的,取小值。不同口径连续排管时,应按累计延长米计算钢板桩使用天数。

管径 \ 天数 \ 长度	≤50 m	200 m	400 m	600 m	>600 m 时每增加 200 m
300	9	28	44	56	11
500	10	31	49	63	13
700	12	35	55	71	14
800	13	38	60	78	16
1 000	15	42	66	86	18
1 200	16	46	72	94	20

4. 双管或多管同沟槽在套用安装、拆除钢板桩支撑时，不得以 2 根或多根沟槽计算，钢板桩支撑的深度不变，以沟槽宽度来确定调整系数。钢板桩支撑宽度取定值见下表。

沟槽深度	2 m	3 m	4 m
沟槽宽度	1.6 m	2.8 m	3.8 m

5. 组装、拆卸柴油打桩机和大型机械进出场可套用本定额第三章第一节的相关定额子目。
6. 围堰工程定额中列出每延米所需土方体积，已包括土方密实、流失量及损耗量。
7. 围堰适用高度见下表。

围堰高	选择型式	围堰断面尺寸
1.00～3.00 m	草包围堰	顶宽1.5 m,外坡：内侧1∶1,外侧临水面1∶1.5
3.00～6.00 m	钢板桩围堰	坝身宽3.00 m

8. 施工便道定额中综合了道碴施工便道和混凝土施工便道，设计结构不同时不予调整。
9. 施工便道的长度按开挖沟槽总长度的 60% 计算，宽度按 4 m 计算。